重磁勘探快速数据处理方法

王彦国 罗 潇 著

中国原子能出版社

图书在版编目（CIP）数据

重磁勘探快速数据处理方法／王彦国，罗潇著.
— 北京：中国原子能出版社，2020.12（2021.9重印）
ISBN 978-7-5221-1026-4

Ⅰ.①重… Ⅱ.①王… ②罗… Ⅲ.①重磁勘探-应
用-数据处理-研究 Ⅳ.①P631②TP274

中国版本图书馆 CIP 数据核字（2020）第206234号

内 容 简 介

本书以位场快速数据处理方法为研究背景，利用坐标转换方法和局部多项式扩边法，提高了预处理的精度；将迭代法应用到了基础数据转换、场分离及界面反演之中，提高了计算精度与稳定性；在场源边界识别、参数估计和快速成像方面开展了全面系统研究，提出了一系列新的方法技术，实现了位场数据快速、有效的处理与解释。此研究丰富了数据处理的理论算法，提高了资料的快速、可视化解释能力，对位场数据处理研究具有重要的学术与实用贡献。

本书内容丰富，逻辑严谨，通俗易懂，涉及方法技术不仅可供高校、研究所等从事重磁方面的研究人员参考，而且也适合企事业相关的技术人员使用。

重磁勘探快速数据处理方法

出版发行	中国原子能出版社（北京市海淀区阜成路43号 100048）	
策划编辑	韩　霞	
责任编辑	高树超	
责任校对	冯莲凤	
责任印制	潘玉玲	
印　　刷	三河市南阳印刷有限公司	
开　　本	787 mm×1092 mm 1/16	
印　　张	10.5	**字　　数** 230千字
版　　次	2020 年 12 月第 1 版	2021 年 9 月第 2 次印刷
书　　号	ISBN 978-7-5221-10 6-4	**定　　价** 80.00元

发行电话：010-68452845

前　言

数据处理是重磁资料进行地质–地球物理综合解释的关键环节。近 10 年来，笔者在位场快速数据处理方法开展了系统的研究工作，在数据外部补空及向外扩边对数据处理精度的影响，在迭代法在位场数据处理中的应用，在场源识别、参数估计及快速反演等方面开展了详细研究，取得了一些非常有意义的研究成果，将这些研究成果总结归纳，著成了本书。

本书共包含 7 章。第 1 章介绍了重磁勘探中快速数据处理方法的国内外发展，主要由王彦国执笔。第 2 章介绍了位场数据预处理的两个方法，坐标转换法及局部多项式扩边法，主要由王彦国、艾寒冰完成。第 3 章基于迭代法在位场数据处理中的应用开展了研究，介绍了迭代法在向下延拓、导数换算及化磁极等基础数据处理中的应用，同时还将迭代法应用到了位场分离与界面反演中，主要由王彦国、罗潇执笔。第 4 章介绍了场源位置快速识别方面的研究，提出了归一化均方差比法、归一化差分法、垂向梯度最佳自比值法、增强异常的改进小子域滤波法及基于方向 Tilt 梯度三维磁异常识别等一些列方法用于重磁场的位置识别，主要由罗潇、王彦国、黄远生、邵振华执笔。第 5 章是关于场源参数快速估计方面的研究，介绍了重力梯度全张量解析信号的重力源参数估计方法，解析信号倒数的二维磁源参数估计方法，以及基于方向 Tilt-Euler 法的三维磁源参数估计方法，主要由罗潇、王彦国、黄松、黄远生执笔。第 6 章介绍了场源快速成像方面，给出了基于幂次平均的离散归一化总梯度法和基于解析信号及其倒数的磁源镜像成像方法，主要由王彦国、艾寒冰、丁亚洲执笔。第 7 章是结论与展望，介绍了本书的主要创新性成果，也对未来的发展方向提出了建议，主要由王彦国执笔。

由于位场数据处理方法繁多，本书仅介绍了近年来笔者着重研究的方法技术，同时，很多数据处理方法还在不断完善之中。另外，由于作者的水平有限，书中难免存在不当或错误之处，肯望读者批评指正与深入交流。

在本书的写作过程中，得到了国家自然科学基金（41504098、41862013）、国家重点研发计划项目（2017YFC0602600）、江西省自然科学基金（20171BAB213030）的大力资助，在此表示感谢。感谢孟令顺教授、张凤旭教授、王祝文教授及黄临平教授给本文提供的指导与帮助。感谢艾寒冰、黄松、黄远生、丁亚洲等研究生为本书付出的辛勤劳动。

笔者

2020 年 11 月 6 日

目 录

第1章 绪 论

1.1 研究目的与意义

位场主要是指重力场与磁场，是地球物理场的主要组成部分，重磁勘探是建立在岩（矿）石密度、磁性差异基础之上，通过观测重力场与磁场的变化，揭示地下不均匀物质分布，从而达到研究地下地质结构与找矿勘探等目的的地球物理勘探方法。重磁勘探具有经济成本低、探测范围大、运转周期短及应用效果好等优点，是解决地质单元划分、矿产勘查、能源预测、地质灾害调查及环境工程监测等问题的快速有效手段[1-4]。

位场数据处理是重磁资料进行地质—地球物理综合解释的重要环节，数据处理结果的可靠程度直接影响着地质解释的准确性。数据处理按计算速度可以分为快速与慢速，快速数据处理主要是计算效率较高，往往是瞬间即可完成计算的，主要有基础数据处理（导数换算、解析延拓、化磁极、分量转换、异常分离等）、场源位置识别、场源参数估计及快速成像等方面；而慢速数据处理往往指基于三维网格剖面的物性反演计算，因需要较大内存，需逐步迭代实现，因此需要耗时的计算。

本书主要针对位场快速数据处理方法进行系统研究工作，致力于提高快速数据处理方法的计算精度、计算稳定性与异常分辨能力，为推动快速数据处理方法的发展提供有利依据。

1.2 国内外研究现状

1.2.1 基础数据处理

1. 解析延拓

解析延拓分为向上延拓和向下延拓两类。向上延拓可以用于消除随机干扰影响，压制浅部异常和突出深部异常[5-7]，常用于滤噪处理和位场分离中。Jacohsen（1987）首次将向上延拓算子作为一种场分离的滤波器[8]；曾华霖（2002）利用相邻高度向上延拓值的相关系数曲线进行了最佳向上延拓高度的估计[9]；Pawlowski（1995）根据维纳滤波器和格林等效层原理，在向上延拓基础上提出了优选向上延拓方法[10]，并获得了较好的应用效果[11-13]。

在空间域中，向上延拓可以利用样条函数[14]、边界单元[15]等方法实现，但计算速度和精度受到一定限制。在波数域中，向上延拓属于低通滤波算子，计算结果稳定性强且精度高，因此在波数域中进行向上延拓转换是常用的手段。

向下延拓可以突出局部异常，提高异常分辨率和评价低缓异常。但向下延拓是典型的不适定问题。Dean 最早导出了位场向下延拓的频率域滤波算子[16]，指出波数域的向下延拓具有显著的高通滤波特性，对干扰的放大使得计算稳定性差，同时也会因为数据的离散和截断产生吉布斯现象。为了压制高频干扰影响，地球物理工作者对向下延拓进行了大量研究，认为在向下延拓计算中添加低通滤波器的方法最为有效，并在实际资料应用中获得了不错的效果，目前这类方法主要有：正则化滤波法[17-23]、Taylor 级数展开法[24-26]以及其他滤波方法[27-35]。然而滤波器中的参数因子往往不易确定，容易导致有用信号的压制过大或高频干扰的压制不够[36]，基于此，人们又发展了其他类型的稳定算法，如：样条函数法[37]、边界单元法[38]、等效源法[39-40]及迭代法[41-50]等空间域方法，可以较好地解决延拓的不稳定性，但因需求解大型方程组，使得计算效率大大降低。为了提高计算速度，学者们将迭代的思想引入到波数域中，发展出了补偿圆滑滤波法[51-53]、波数域积分迭代法[54]及其改进方法[55-57]、Taylor 级数迭代法[58]、导数迭代法[59]、补偿向下延拓法[60]、正则化—迭代法[61]等一系列方法。2011 年，骆遥对迭代向下延拓的地球物理含义进行了详细阐述[62]；姚长利等（2012）对位场转换计算中的迭代法进行了综合分析和研究[63-64]，并指出波数域迭代法事实上是一个附加低通滤波器，迭代次数的选取是该滤波器好坏的关键。

2. 导数换算

导数换算是重磁数据处理和解释的基本方法，不仅具有自身物理意义，且有助于异常划分和解释。1936 年，Evjen 首次利用垂向一、二阶导数进行了重力资料解释[65]。随后，学者们大多在场位三个方向二阶导数满足拉普拉斯方程基础上，提出了一系列垂向二阶导数的空间域近似计算公式[25,66-69]。Agarwal 和 Tarkeshwar（1969）对前人提出的垂向二阶导数计算公式进行了波数域滤波特性分析[70]；雷林源（1981）对垂向二阶导数的物理意义进行了详细解读[71]。随着数字信号技术的发展和计算机速度的不断提升，又发展出了最小二乘法、拉格朗日插值法、样条函数插值法、泰勒级数展开法等[14,72-80]等许多空间域导数计算方法。

随着快速 Fourier 变换的问世[81]，在波数域中换算导数成了常用手段[82-84]，然而导数转换算子属于高通滤波，高频干扰也会导致计算结果不稳定，同样需要对理论导数转换算子加以改造来提高计算精度。目前基于波数域的改进方法主要有：补偿圆滑滤波法[52]、迭代法[63-64,85-86]、抽样分组法[36]及蔡宗熹等人给出提高求导精度的几种措施[87]，这些改进措施都可以在一定程度上提高导数计算的精度与稳定性。

3. 化磁极

化磁极是磁资料数据处理解释的基础，可以将斜磁化磁异常转换成垂直磁化下磁异常，从而消除斜磁化造成的磁异常复杂性，使异常与磁性地质体的相关性更强。Baranov（1957）推导出了频率域化磁极转换算子表达式[88]，该式显示：化极转换因子是一个与地磁倾角关系密切的放大型转换算子，磁纬度越低（即磁倾角绝对值越小），化极转换因子的放大作用就越强，在磁赤道处化极因子在某些波数出现奇异（即数值趋于无穷），导致 FFT 理论计算结果极其不稳定甚至运算无法进行。为了解决低纬度化极的不稳定性，学者们提出了等效源法[89-91]、维纳滤波法[92-93]、信号分析法[94]、级数展开法[95-96]、倒相法[97]、高阻向滤波法[98]、伪倾角[99-100]及改进法[101]、压制因子法[102]、阻尼因子法[103-104]、迭代法[63-64,105]等多种形式的改进方法，在实际资料中均获得良好的应用效果。然而，当存在磁化方向不明的强剩磁时，往往无法进行化极处理；当位于低纬度地区却工作区面积较大时，往往不能只使用一个磁化角度进行化极处理，需要较为复杂的分区运算。

4. 异常分离

位场是由地下不同规模、不同深度、不均匀分布的物质所产生的异常叠加而成，通过仪器测量得到的位场数据包含了区域异常和局部异常。在位场资料处理与解释中，根据研究目标体的不同，需要从叠加的观测异常中提取出目标体所产生的异常。位场分离是一个较早的问题，但也是一直未能彻底解决的难题[106]。一直以来，学者们不断进行探索研究，提出了一系列异常分离的方法，包括趋势分析法[107]、延拓法[10-13,108]、平均场值法[109-110]、插值切割法[111-115]、匹配滤波法[116]、维纳滤波法[117-118]等多种方法，以及一些较好的改进方法，如：变阶滑动趋势分析法[119]、自调节趋势分析法[120]、多次匹配滤波技术[121]。事实上，并非每种场分离方法对所有的位场数据都有效，由于不同方法的数学原理不同，应用前提也不尽相同，因而都具有针对性和选择性，如何选择合适的方法及合适的参数以获得较好的位场分离效果尤为关键[122]。

1.2.2 场源位置识别

边界识别是位场数据处理的重要组成部分，是解析地质构造、进行地质填图、圈定矿产范围等地质问题的有效手段[123-126]。同时，地球物理资料识别的边界信息与地质资料的联合使用还可以提高单一资料的解释能力，获得更加丰富全面的地质信息，从而提高解释质量[127]。

近几十年来，地球物理工作者已提出了多种识别地质体边界的方法，大多方法都是位场异常的垂向导数、水平导数以及垂向导数与水平导数某种形式的组合。早在1936 年，Evjen 便提出利用垂向一、二阶导数来识别地质体边界[65]；Cordell（1979）提出利用了识别场源边界的水平总梯度法[128]，梯度模极大值与地质体边界有着较好的对应关系；Miller 和 Singh 在 1994 年提出了 Tilt angle 法[129]，该方法可以较好地均衡不同深度的场源；Verduzco 等建议将 Tilt angle 的水平总梯度作为一种边界检测算子[130]，该方法对地质体边界有着不错的显示；Chris Wijns 等（2005）提出利用 Theta map 分析场源边界[131]，在低纬度磁源边界有着较好的应用效果；Cooper 和 Cowan（2008）在异常导数均方差基础上提出了可以较好识别出不同深度地质体边界的归一化标准差法[132]。骆遥等（2011）利用 Hilbert 变换给出了地质体边界识别的直接解析信号解释方法[133]，降低了噪声干扰的影响；事实上，Euler 反褶积法[25,134-143]也可以进行地质体边界的识别，边界识别还有小子域滤波法[144]及改进法[145-153]、全张量法[154-157]和解析信号法[158-160]等方法。王万银（2012）对解析信号的空间变化进行了详细分析[161]，指出了当地质体埋深较大时，解析信号极值并非指示地质体边界。磁梯度张量能更详细地描述场源的异常信息[162]，Schmidt 和 Clark（2006）讨论了磁张量各分量的异常特征与相关性，并提出了张量不变量 I1 和 I2，指出两者受磁化方向影响较小[163]。Beiki 等（2012）在梯度张量基础上提出了归一化磁源强度（NSS），该方法进一步弱化了磁化角度的影响，可以较好地反映地质体的边界或质心位置，然而该方法不能较好地反映规模偏小棱柱体的边界，同时对深部地质体的信息反映较弱[164]。舒晴等（2018）结合解析信号与梯度张量给出了方向解析信号，并在此基础上提出了方向解析信号的比值函数法来识别磁源边界[165]，该方法可以均衡不同强度的边界信息，获得较为满意的结果，但在深大地质体的边界识别上存在一定偏差。

1.2.3 场源参数快速估计

场源参数估算法主要是从位场异常的数学表达式出发，利用原始平面或向上延拓平面上位场或其导数数据计算出场源的位置及构造指数。这类方法主要有欧拉反褶积、解析信号、Tilt-depth 等快速反演方法。欧拉反褶积是 Peters（1949）在 Euler 齐次方程基础上提出的[25]，Thompson（1982）推导出了二维欧拉反褶积[134]，Reid 等（1990）将欧拉反褶积推广到了三维[135]；Zhang 等（2000）提出了张量欧拉反褶积，扩展了单点坐标下欧拉齐次方程的个数，有效地提出了反演解的收敛性[166]；Mushayandebvu 等（2001）利用欧拉齐次方程旋转变换性质不变的特点提出了二维扩展欧拉反褶积[167]，可自动估算磁性体的位置、倾向和强度等；Nabighian（2001）通过广义希尔伯特变换实现了三维扩展欧拉反褶积[168]，有效提高了算法的稳定性；Huang 等（1995）证明了位场解析信号同样满足欧拉齐次方程[169]，Salem 等（2003）在此基础上，提出了AN-EUL 法[170]，其利用解析信号极大值点估算场源深度与构造指数，但使用了磁异常的三阶导数，因此更易受随机干扰影响；张季生等（2011）提出了二阶欧拉反褶积与解析信号相结合的反演方法[171]，在一定程度上降低了高频噪声干扰的程度，但反演点是单一的，反演可靠性偏低；马国庆等（2012）利用方向解析信号与欧拉反褶积方程联合来进行异常解释[136]，在不考虑背景场的前提下能自动完成异常体位置及类型的反演；Salem 等（2007）将欧拉反褶积与 Tilt-angle 相结合，提出了 Tilt-Euler 法[137]，该方法无需已知场源构造指数，避免了因构造指数选取不当导致反演解发散的问题；马国庆等（2012）在 Tilt-Euler 基础上，提出了张量局部波数的欧拉反褶积法[172]，获得了良好的应用效果；马国庆等（2013）又在不同方向导数间的比值基础上提出了梯度反褶积法[173]；2014 年，Guo 等（2014）提出了基于垂向一阶导数与解析信号比值的欧拉反褶积方法[174]；同年，李丽丽等（2014）提出了基于归一化总水平导数的欧拉反褶积来完成异常体位置参数的反演[175]，也在忽略背景场影响下，避免了构造指数选取误差带来的反演不确定性；Zhou 等（2016）提出了不同高度上自约束欧拉反褶积，使得反演解更加可靠[176]；Weihermann 等（2018）结合 Signum 变换和欧拉反褶积进行了磁异常解释工作[177]；Usman 等（2018）基于欧拉反褶积对磁场进行了背景场、坐标及构造指数等估计[178]。

解析信号法是二维磁异常解释最为常用的方法之一，主要在于二维磁解析信号振幅不受磁化角度影响[179]，Macleod 等（1993）推导出了二维磁解析信号振幅的通用表达式[99]；Salem 等（2004）在解析信号及其水平总梯度基础上采用线性最小二乘法计算磁源深度及构造指数[180]；Salem 等（2005）又根据解析信号及磁异常垂向导数解析信号关系进行磁源参数估计[181]；Ma 和 Du（2012）利用解析信号的总梯度与解析信号比值实现了单一场源深度及构造指数的估算[182]；Cooper（2014，2015）同样采用不同阶次解析信号来估计岩脉及台阶的深度[183-184]；Cooper 和 Whitehead（2016）再次利用不同阶次解析信号比值进行场源深度估算[185]，不过改进方法不需要已知构造指数；Cooper（2017）又采用了解析信号对数实现磁源深度估计工作[186]。然而，大多基于解析信号的方法只能在二维空间中进行，无法实现三维磁异常的反演。

Tilt-depth 法是地球物理位场快速反演中较新的算法，可以快速估算场源上顶深度。该方法是由 Salem 等人（2007）在 Tilt 梯度分析场源边界基础上[187]，通过对 Nabighian（1972）提出的磁场通用梯度公式[188]进行理论推导而来。2011 年，Fairhead 等提出了基于化极与化赤相结合的 Tilt-depth 法[189]，改进方法还可以实现场源磁化率估计；2012 年，张恒磊等提出了基于二阶导数的磁源边界与顶部深度快速反演方法[190]，有效地消除了区域场对反演结果的影响；2016 年，Wang 等提出了改进 Tilt-depth 法来估计磁源的上顶与下底深度，并且采用多特征点联合计算来提高反演解的可靠性[191]；2017年，Cooper 在 Hilbert 变换基础上推导出了岩脉模型的垂直磁化磁位的 Tilt-depth 公式，提高了方法实用性及稳定性[192]；同年，曹伟平等对 Tilt-depth 法进行了深入研究[193]，指出了该方法反演误差与场源上顶深度、厚度及水平尺度均有关，同时叠加异常也会影响计算精度，因此该方法并不适用于埋深大、水平尺度小的磁源深度反演计算。另外，Tilt-depth 法及改进算法均需要在化极或化赤基础上完成计算，因此并不能直接用于斜磁化磁源深度的估算。

1.2.4 场源快速成像

场源快速成像方法相对于复杂的迭代反演，算法简单、计算速度快、无需先验信息约束，能够在地质勘查程度较低的地区提供可靠的参考信息。目前，使用较广泛的快速成像方法主要有：归一化总梯度法、相关成像法、DEXP 法和偏移成像法。

重力归一化总梯度是由苏联学者 Berezkin（1967）提出的[194]，该方法是对不同深度层上的重力解析信号进行归一化处理，该方法对油气藏具有较好的识别效果。肖一鸣（1981）将该方法引入到了国内[195]，并进行了实际资料应用分析[196]。侯重初和施志群（1986）在波数域中完成了归一化总梯度计算[197]，提高了计算效率；Zeng 等（2002）将其应用到了三维重力数据处理中[198]，获取了较好的应用效果；张凤旭等（2005）利用 Hilbert 变换计算归一化总梯度[199]，提高了成像分辨率；张凤琴等（2007）采用 DCT 变换[200]、张雅晨等（2019）使用 Hartley 变换[201]实现归一化总梯度的计算；肖鹏飞等[202]、郭灿灿等[203]、王选平等[204]、李银飞等[205]、石甲强等[206]分别采用积分—迭代法、泰勒级数迭代法、正则化法、导数迭代法和 Milne 法实现归一化总梯度中的向下延拓计算，都在一定程度上提高了方法的稳定性和异常分辨率；Zhou 等（2015）在梯度张量基础上，采用吉洪诺夫正则化迭代法实现归一化总梯度计算[207]，丰富了归一化的计算结果和提高了方法的实用性；苏超等（2014）采用不同的归一化函数进行归一化计算[208]，提升了方法的灵活性；王彦国等（2018）提出了基于幂次平均的离散归一化总梯度法[209]，实现了叠加场的归一化计算，还能对场源几何形状给出判断，有效提高了方法的实用性。

相关成像法是将地下空间进行网格剖面，计算网格单元的等效重力与地面重力的相关程度。该方法最早由 Patella 等（1997）用于自然电位异常的成像[210]，Mauriello 等（2001）将该方法用到了重力领域[211]；郭良辉等（2009，2010）将相关成像法应用到了重力及其梯度张量和磁异常的成像之中[212-213]；孟小红等（2012）将剩余异常的相关成像结果作为初始模型，实现了重、磁物性反演模拟[214]；马国庆等（2013）对磁解析信号进行了相关成像处理[215]，并引入了构造指数，推动了方法的实用性；Guo 等（2014）将归一化磁源强度和解析信号与相关成像算法结合[216]，获取了斜磁化磁源的空间分布；Xiao 等（2015）采用滑动窗口搜索最佳值完成相关成像输出[217]，提高了方法的识别精度。

DEXP 法是利用向上延拓高度层上的不同阶次导数，构建快速成像函数，并采用构造指数约束尺度因子。该方法最早由 Fedi（2007）提出[218]，由于需要事先预设构造指数，在一定程度上限制了方法的实用性。Cella 和 Fedi（2009）建立了尺度函数和延拓高度倒数关系[219]，用于估计构造指数，但此法受叠加场、噪声等影响较大；Abbas 等（2014a）实现了局部波数的 DEXP 法[220]，并利用成像的极大值估计构造指数，推动了 DEXP 法的实用性；Abbas 和 Fedi（2014b）又提出了一种不依赖构造指数的 DEXP 法[221]；徐梦龙（2016）在博士论文中提出了常数加入法来改善 DEXP 法的不足[222]；李禄（2018）在硕士论文中将归一化磁源强度与 DEXP 方法相结合，提出了斜磁化磁源成像的 NSS-DEXP 法[223]。目前该方法已受到国内外学者们的重视与应用[224-226]。偏移成像法最早应用于地震数据处理之中[227]，Zhdanov（2002）将该方法引入到了重磁场中[228]，采用共轭算子与复变量运算获得上半空间偏移场，实现场源的偏移成像结果。Zhdanov 等（2010；2011；2012a，b）后来又将该方法陆续推广至重力梯度张量和磁力数据及张量数据中[229-232]。徐梦龙（2016）在博士论文对该方法进行了详细的数值模拟，并与相关成像和 DEXP 法进行了对比分析[222]，不过该方法在国内外还未受到广泛重视与应用。

1.3 主要研究内容

（1）在数据预处理中，提出位场数据坐标转换方案和局部多项式拟合扩边法，以解决因数据外扩及外围扩边对后期数据处理精度的影响。

（2）提出了解决不稳定计算的统一迭代模式，可直接用于导数换算、向下延拓及化极运算之中，并采用差值互相关系数之差来客观选取最佳迭代次数；同时，还将迭代法引入到了位场分离与密度界面反演之中，提出了位场分离的迭代法和密度界面反演的线性迭代法。

（3）针对常规边界识别方法存在着识别模糊、识别精度低、易受高频干扰、易受磁化角度影响等缺点，提出了归一化均方差比法、归一化差分法、垂向梯度最佳自比值法、增强异常的改进小子域滤波法和方向 Tilt 梯度水平总导数模法。

（4）针对重力源参数快速反演理论公式的缺陷，提出了更加合理的梯度全张量解析信号概念，可以统一描述典型地质体的场源位置与几何形状，并在此基础上，利用不同高度上的梯度全张量解析信号的导数进行场源参数估计。

（5）针对二维磁解析信号对深部场源反演精度低的问题，提出了解析信号对数欧拉反褶积法和解析信号倒数的欧拉法；针对三维磁源反演，提出了方向 Tilt-Euler 法。

（6）在场源快速成像方面，针对常规归一化总梯度的不足，提出了幂次平均的离散化归一化总梯度法，解决了原方法不能同时识别不同深度场源的问题，新方法还可以利用最佳幂次数来评价场源的几何形状；另外，推导出了二维磁异常的 n 阶解析信号，并在此基础上构建了场源镜像成像表达式，镜像成像出了地下场源的空间赋存状态及估计场源的构造指数。

第2章　位场数据预处理方法

在位场数据处理之前，往往需要进行前期的数据预处理，而预处理的好坏直接影响着后期数据处理的质量。本章提出了数据坐标转换方法，用于削弱测区外，待扩充空白区数据插值的影响；提出了局部多项式扩边法，用于解决边界效应问题。

2.1　位场数据的坐标转换方法

在重磁勘探中，一般测线是垂向于工区内主构造走向方向布设的［例如图 2-1（a）］，而构造方向与地理坐标轴（大地坐标系）大都会存在一定的夹角。后期数据处理则要求数据体是完整的矩阵形式，因此测量得到数据体如果不是完整的矩阵形式，则在数据处理前需要对研究区外的空白区域进行数据外扩以使数据体矩阵化。然而外扩数据由于约束少，不确定性强，导致这一部分数据可信度较低，同时这些数据又不可避免地参与到数据处理之中，从而影响计算精度。为解决这一问题，提出了坐标转换方法。

2.1.1　基本原理

如图 2-1 所示，已知坐标系为 XOY，首先将坐标系移动至测区中心点，那么数据坐标可以改写为：

$$x_1 = x - X0, \quad y_1 = y - Y0 \tag{2-1}$$

其中，(x, y) 是数据的原始坐标，$(X0, Y0)$ 是原始坐标系下的中心点坐标，(x_1, y_1) 则是坐标系移动后的数据坐标点。

根据测线布设方向或研究区数据分布特征，将坐标轴旋转 α_T 角度，旋转后的坐标系为 $X'O'Y'$，那么依据图 2-1（b）的坐标旋转前后关系，可以得到转换后任意点 P 的坐标（x_2, y_2）：

$$Px_2 = L_P\cos(\alpha'_P) = L_P\cos(\alpha_P - \alpha_T) = L_P(\cos\alpha_P\cos\alpha_T + \sin\alpha_P\sin\alpha_T) \tag{2-2}$$

$$Py_2 = L_P\sin(\alpha'_P) = L_P\sin(\alpha_P - \alpha_T) = L_P(\sin\alpha_P\cos\alpha_T - \cos\alpha_P\sin\alpha_T) \tag{2-3}$$

其中，α_P、α'_P 分别是 P 点在坐标转换前、后与 x 正方向的夹角，L_P 是 P 点到原点 O' 的

距离。同样由图 2-1（b）可以看出：

$$\sin\alpha_P = \frac{Py_1}{L_P} \ , \ \cos\alpha_P = \frac{Px_1}{L_P} \tag{2-4}$$

其中，Px_1、Py_1 分别是点 P 相对 O' 点在 $XO'Y$ 坐标系中 x、y 方向坐标。

将（2-1）和（2-4）代入（2-2）和（2-3）中，则有：

$$Px_2 = (Px - X0)\cos\alpha_T + (Py - Y0)\sin\alpha_T \ , \ Py_2 = (Py - Y0)\cos\alpha_T - (Px - X0)\sin\alpha_T$$
$$\tag{2-5}$$

而 Px、Py 分别是点 P 相对 O 点在 XOY 坐标系中 x、y 方向的坐标。

如图 2-1 所示，坐标转换后的数据体转换成了距阵形式（或近似矩阵），因此在位场数据处理无需或只需扩充少量数据，减少了外扩数据对后期数据处理精度的影响。

坐标转换虽然可以减少外扩数据影响，提高计算效率，但处理得到的数据体仍需在高斯坐标（或大地坐标）成图，为此需要对坐标转换后处理得到数据进行坐标反转换，由（2-5）两个公式可得：

$$Px = Px_2\cos\alpha_T - Py_2\sin\alpha_T + X0 \ , \ Py = Py_2\cos\alpha_T + Px_2\sin\alpha_T + Y0 \tag{2-6}$$

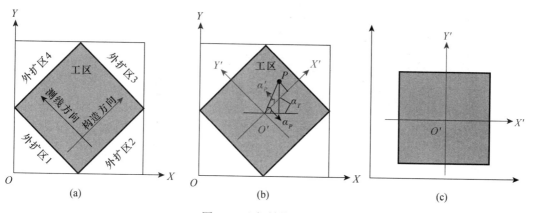

图 2-1　坐标转换示意图

（a）测区与扩充区分布图；（b）转换坐标与实际坐标关系图；（c）坐标转换后的测区分布图

2.1.2　模型检验

为了验证坐标转换是否可以提高数据处理精度，这里进行了组合模型的重力数值试验。设计的组合模型为 4 个长方体，模型体的相对位置及各个模型的参数分别见图 2-2（a）及表 2-1，并设定所有模拟地质体的剩余密度为 1.0 g/cm³，设定计算网格为 0.1 km×0.1 km。

图 2-2（b）是组合模型体在给定区域内的重力异常，图 2-2（c）是图 2-1（b）采用克里格插值进行数据扩充得到的异常图，而图 2-2（d）则是图 2-2（b）进行坐标转换（$\alpha_T = 45°$）后的异常。为了对比的全面性，这里进行了两种不同滤波形式的数据处理试验，分别是低通滤波的向上延拓和高通滤波的导数换算。同时为了对比的合理性，在计算中均选择了相同的扩边模式（余弦衰减至零法）和相同数据转换模式（FFT 法）。

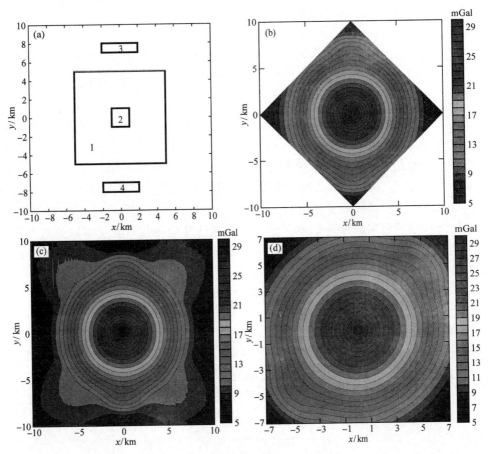

图 2-2　组合模型重力扩边与坐标转换

（a）模型示意图；（b）给定区域内的重力异常；
（c）采用克里格插值进行数据外扩后的重力异常；（d）坐标转换的重力异常（$\alpha_T = 45°$）

表 2-1　模型参数

地质体编号	上顶埋深/km	下底埋深/km	x 方向长度/km	y 方向长度/km	质心坐标 (x, y)
1	5.0	7.0	10.0	10.0	(0.0, 0.0)
2	1.0	1.5	2.0	2.0	(0.0, 0.0)
3	1.0	2.0	4.0	1.0	(0.0, 7.5)
4	1.0	2.0	4.0	1.0	(0.0, −7.5)

对比图 2-3（a）和图 2-4（a）（c）可以看出，坐标转换的延拓值更加接近理论值，从误差图中可以更明显地看出坐标转换得到延拓误差明显小于未进行坐标转换的。坐标转换延拓值的均方误差为 0.119 mGal，远小于未进行坐标转换而采用数据扩充模式的延拓误差 0.550 mGal。从图 2-4（b）容易看出，未进行坐标转换的延拓误差呈现出"边部大内部小"的特征，而这种误差特征很可能就是由扩充数据影响导致的。

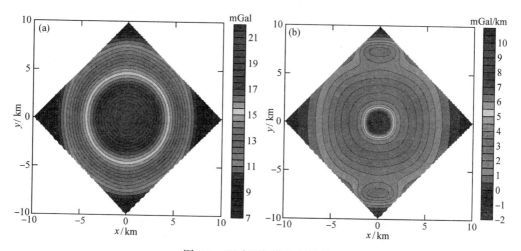

图 2-3 理论延拓值与导数值

（a）向上延拓 10 倍点距的理论值；（b）垂向一阶导数理论值

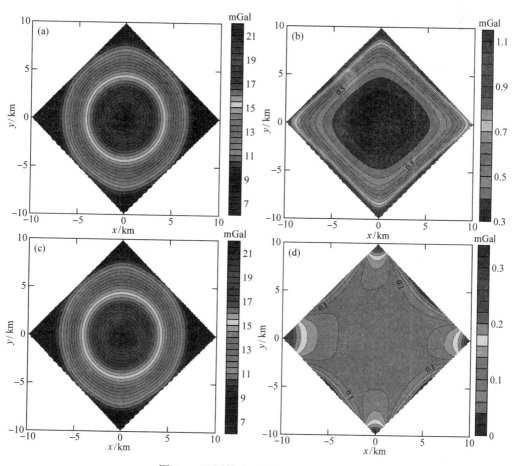

图 2-4 不同模式下的向上延拓结果

（a）（b）分别是数据外扩下的向上延拓 10 倍点距的异常值及其与理论延拓值的误差；

（c）（d）分别是坐标转换下的向上延拓 10 倍点距的异常值以及与理论延拓值的误差

对比图 2-3 (b) 和图 2-5 (a) (c) 可以看出，坐标转换与否对导数值影响程度相当，但从图 2-5 (b) (d) 仍可看出坐标转换得到的导数结果是更接近于理论值的。坐标转换的导数均方误差为 0.641 mGal/km，小于坐标未转换的 0.681 mGal/km。从图 2-5 (b) (d) 中可以看出无论是否采用坐标转换，其得到的导数误差分布均是从内往外逐渐增加，这表明计算区域外的扩充数据对计算精度有着较大的影响。笔者认为，未进行坐标转换而采用数据扩充模式的导数误差主要是由数据扩充引起的，这种误差事实上很难得到降低；而坐标转换得到的误差则应是由扩边函数引起的，因此选择一种更为合理的扩边方法很有可能进一步降低数据处理的误差。

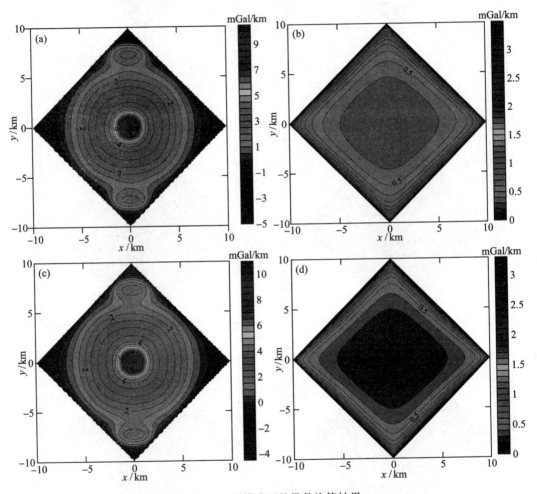

图 2-5　不同模式下的导数换算结果

(a) (b) 分别是数据外扩下的垂向一阶导数及其与理论导数值的误差；
(c) (d) 分别是坐标转换下的垂向一阶导数及其与理论导数值的误差

上述实验结果表明，在位场数据预处理中，进行数据体的坐标转换不仅可以减少计算点数，还可以提高数据处理的计算精度。

2.1.3　本节小结

当研究区的数据体方向非南北或东西展布时，数据体方向与地理坐标轴存在夹角，需对数据进行坐标转换来削弱数据外扩引起的误差。模型试验表明，无论是低通滤波还是高通滤波处理，采用坐标转换的计算精度显著大于直接数据外扩处理下的精度，因此使用坐标转换可以有效降低后期数据处理与转换的误差。

2.2　局部多项式扩边法

在位场数据处理之前，为了避免某些空间域数据处理导致的边部数据损失或者为了满足波数域数据转换对数据体长度的需求，往往需要对实测位场数据进行扩边处理。然而，采用不同的扩边模式对数据处理结果会产生不同的影响，最常见的问题就是处理后的图件上会产生明显的边界效应，这给数据的进一步处理和资料的解释带来了难度。因此采用一种较好的数据外扩方法使得边部吉布斯效应不明显，数据处理结果可靠，是充分利用实际数据进行地质—地球物理综合解释，取得良好地质效果的重要环节。目前常用的扩边方法有余弦衰减至零法和对折扩边法，这两种方法虽然可以对数据进行外扩处理，但是都会在数据处理（尤其高通滤波处理）结果中产生明显的边界效应[233]。针对于此，本节给出了一种新的扩边方法——局部多项式扩边法。

2.2.1　扩边思路

图 2-6 是位场数据扩边示意图，为了满足 Fourier 变换对数据长度的要求，需满足 $k + m + l$ 以及 $s + n + t$ 均为 2 的幂次，且数据扩充后满足新区域最外一行和一列的边部数据均相同，即满足一个周期，一般设置边部数据为零。

如图 2-6 所示，需要对原始位场数据 g 进行四个区域的扩充，即左（Ⅰ）、右（Ⅱ）、前（Ⅲ）、后（Ⅳ）四个部分。对于第Ⅰ扩边区域，第 j 条第 i 点的数值可以表示为：

$$g_E(i, j) = a_0 + a_1 i + a_2 j + a_3 i^2 + a_4 ij + a_5 j^2 + \cdots + a_{(n^2+3n-2)/2} i^n + a_{(n^2+3n)/2} j^n$$

$$(2-7)$$

其中，a_0，a_1，a_2，$\cdots$，$a_{(n^2+3n-2)/2}$，$a_{(n^2+3n)/2}$（共 $\dfrac{(n+2)(n+1)}{2}$ 个）为待定系数，可利用 $g_E(0, j) = 0$ 以及 $g_E(k + 1, j) = g(1, j)$，$g_E(k + 1, j + 1) = g(1, j + 1)$ 等 $g(1, j)$ 点邻近的 $(n^2 + 3n)/2$ 个原始数据求得。

第Ⅱ扩边区域内的数据扩充模式与第Ⅰ区域相同，第Ⅲ、Ⅳ区域待Ⅰ、Ⅱ区域数据扩充完毕后进行，其扩充模式同样与Ⅰ相同，只是进行纵向上扩充即可。

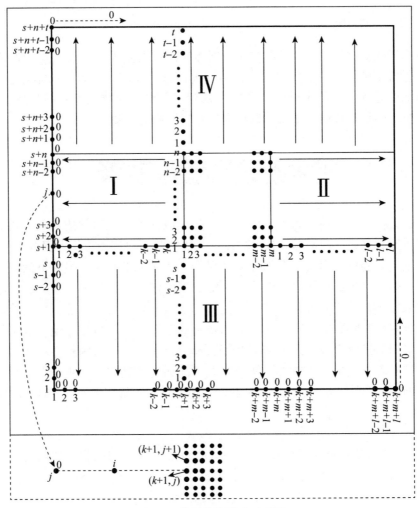

图 2-6　位场数据扩边示意图

注：m、n 为横、纵向数据长度；k、l、s、t 分别是测区左、右、后、前数据扩充长度。

2.2.2　模型分析

为了验证局部多项式扩边方法的正确性，这里进行了二维和三维的模型试验，并与常用的余弦衰减至零法和对折扩边法的数据处理结果进行对比分析。

1. 二维模型试验

选取的组合模型为 3 个无限长水平圆柱体，三个模型体的相对位置见图 2-7（b）所示，其模型参数分别为：地质体 1，半径 2 km，埋深 4 km，水平点位 5 km 处，剩余密度 -1.0 g/cm^3；地质体 2，半径 1 km，埋深 2 km，水平点位 10 km 处，剩余密度 1.0 g/cm^3；地质体 3，半径 5 km，埋深 8 km，水平点位 18 km 处，剩余密度 1.0 g/cm^3。模型体产生的重力异常见图 2-7（a）。

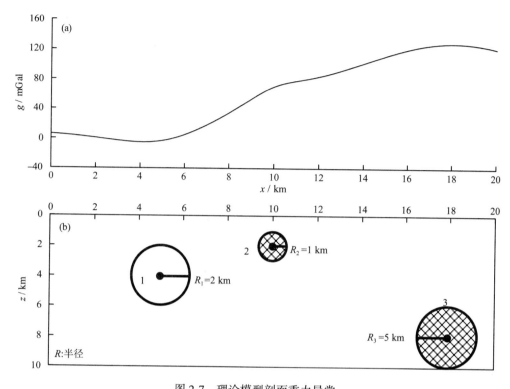

图 2-7　理论模型剖面重力异常

（a）理论重力异常模型示意图；（b）模型示意图

　　为了提高异常的横向分辨率，对模型重力异常进行了垂向二阶导数计算，采用不同扩边模式得到导数异常结果见图 2-8 所示。可以看出，余弦衰减至零方法得到的结果（a）边界效应明显，异常由于边部数据的振荡导致分辨率相对降低，不能较好地表现出地质体 1 和 3 的存在；对折扩边方法得到的结果（b）同样存在着明显的边界振荡现象；多项式扩边（阶数 $n=3$）方法得到的垂向二阶导数无明显的边界效应，这不仅有利于异常的地质解释，而且边部数据可以直接参与到进一步的数据处理中。

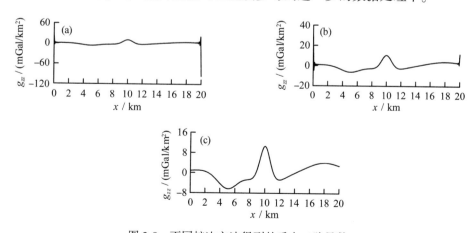

图 2-8　不同扩边方法得到的垂向二阶导数

（a）余弦衰减至零法；（b）对折扩边法；（c）三阶多项式扩边

2. 三维模型检验

选取的组合模型共有 7 个长方体模型组成，模型体的参数以及相对位置分别见表 2-2 和图 2-8（a）（B_1 为地质体 A 在研究区的边界），且所有地质体的剩余密度均为 1.0 g/cm³，组合模型体产生的重力异常见图 2-9（b）。从重力异常［图 2-9（b）］可以看出：地质体 A 和地质体 1 由于埋深大，异常梯度平缓；地质体 2、3、4 受叠加异常的影响，在异常图中表现为等值线同形扭曲；而地质体 5、6 受地质体 A 的影响较大，异常图中几乎无法识别。为了提高异常分辨率，同样对原始异常进行了垂向二阶导数处理。

表 2-2　模型参数

地质体编号	上顶埋深/km	下底埋深/km	x 方向长度/km	y 方向长度/km	质心平面坐标 (x, y)
A	2.5	5.0	7.0	30.0	(21.5, 10.0)
1	2.5	3.0	5.0	6.0	(5.0, 10)
2	1.7	2.0	4.0	2.0	(10.0, 16.0)
3	2.0	2.4	2.0	4.0	(12.0, 10.0)
4	1.2	1.5	2.0	2.0	(10.0, 5.0)
5	0.8	1.0	1.0	1.0	(15.5, 5.5)
6	0.5	0.6	1.0	1.0	(15.5, 15.5)

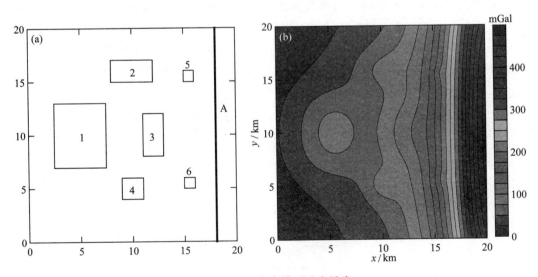

图 2-9　二维组合模型重力异常

（a）模型示意图；（b）理论重力异常

　　图 2-10 是不同扩边方法得到的垂向二阶导数结果。图中可以看出，余弦衰减至零扩边方法和对折扩边方法得到的结果均表现出了明显的边界效应，而多项式扩边方法几乎没有边部数据的震荡现象，使得边部有效信息得到了更好的保留。

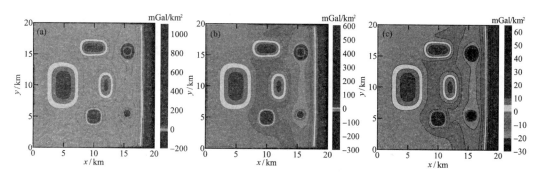

图 2-10　不同扩边方法得到的垂向二阶导数等值线图
（a）余弦衰减至零法；（b）对折扩边法；（c）多项式扩边法

2.2.3　本节小结

　　对网格化数据进行扩边处理是波数域数据处理的必要内容。本节给出的局部多项式扩边法，充分考虑了边部多个数据的影响，因此在数据处理中可以有效降低吉布斯效应和边界效应的影响，获得较高的数据计算精度。

第3章　迭代法在位场数据处理中的应用

在重磁资料解释中，位场数据处理转换计算发挥着重要的作用，例如向上延拓的转换可以应用于消除噪声干扰和突出深部异常；向下延拓和导数换算可以突出局部异常，提高异常分辨率，从而提高异常解释精细度；化磁极是磁异常处理解释的一项基础性工作，可以消除倾斜磁化影响，使异常解释简便；场分离可以提取不同深度上的异常，便于异常分析与解释。迭代法是位场数据处理中用于解决不稳定问题的常用方法，本章将介绍迭代法在基础数据处理转换、位场分离及界面反演之中的应用。

3.1　迭代法在位场基础数据转换中的应用

位场数据处理中，导数换算、解析延拓、化磁极、分量转换等是基础数据转化手段。但是导数换算、向下延拓、低纬度化极处理过程存在明显的不稳定现象，直接使用会导致噪声显著放大，从而使计算结果稳定性较差，不利于异常分析解释及下一步数据处理。迭代法在解决这些不稳定问题上面具有自身的优势，本章节给出了迭代法在导数换算、向下延拓及低纬度化极方面的统一运算模式。

3.1.1　迭代滤波法的基本原理

在波数域中，位场数据的频谱转换可以表示为：

$$U_T = \psi_T \cdot U_O \tag{3-1}$$

其中，U_O、U_T分别是观测面上的原异常数据u_o的 Fourier 变换谱和期望得到的转换数据u_t的 Fourier 变换谱，ψ_T则是U_O到U_T的频域理论转换因子。

对于向下延拓、导数换算、化地磁极等转换处理，由于式（3-1）中转换因子ψ_T在某些波数区域（一般在高频区）将U_O中的部分成分放大过强而导致计算结果稳定性较差，转换后的异常无法用于进一步的数据处理和解释中，为了提高转换结果的可靠性，在此对转换因子ψ_T进行如下改造：

首先，构造一个与转换因子ψ_T滤波特性相反的滤波因子ϕ：

$$\phi = \frac{1}{(1 + | \; \alpha \cdot \psi_T \; |)^\beta} \tag{3-2}$$

其中，α、β 均是人为给定的参数（不仅可以是常数，也可以是随频率变化的滤波），$| \; \alpha \cdot \psi_T \; |$ 是 $\alpha \cdot \psi_T$ 的绝对值数值形式，无量纲。

其次，利用滤波因子 ϕ 将转换因子 ψ_T 初始改造为 $\varphi_T^{(1)}$：

$$\varphi_T^{(1)} = \psi_T \cdot \phi = \frac{\psi_T}{(1 + | \; \alpha \cdot \psi_T \; |)^\beta} \tag{3-3}$$

一般情况下，给定的参数 α、β 均大于等于 1，那么（3-3）式可以看出，理论转换因子 ψ_T 越大，初始改造值 $\varphi_T^{(1)}$ 越小，且对于任意的 ψ_T 值，均有 $| \; \varphi_T^{(1)} \; | \leq 1$。这表明，若采用改造值 $\varphi_T^{(1)}$ 来替代 ψ_T 进行处理转换的话，那么计算结果必然具有较强的稳定性；然而 $\varphi_T^{(1)}$ 不仅仅改造了 ψ_T 的高值，同时对 ψ_T 的中低值也进行了削减，这势必因滤波压制过强而导致原始数据中的有效信号得不到真实转换，从而使得计算结果与理论值偏差过大。为了弥补有效信号采用 $\varphi_T^{(1)}$ 代替 ψ_T 带来的转换损失，这里采用迭代补偿模式对 $\varphi_T^{(1)}$ 进行如下补偿处理：

将理论转换因子 ψ_T 与初始改造值 $\varphi_T^{(1)}$ 的差值利用滤波因子 ϕ 进行修正，修正结果 $\varphi_T^{(2)}$ 为 ψ_T 的二次改造值，即有：

$$\varphi_T^{(2)} = \varphi_T^{(1)} + (\psi_T - \varphi_T^{(1)}) \cdot \phi = \phi\psi_T \cdot [1 + (1 - \phi)] \tag{3-4}$$

同样，将 ψ_T 与 $\varphi_T^{(2)}$ 的差值利用 ϕ 再次进行修正，则得第三次改造值 $\varphi_T^{(3)}$：

$$\varphi_T^{(3)} = \varphi_T^{(2)} + (\psi_T - \varphi_T^{(2)}) \cdot \phi = \phi\psi_T \cdot [1 + (1 - \phi) + (1 - \phi)^2] \tag{3-5}$$

按如上的迭代修正模式，则第 n 次改造值与 $n-1$ 改造值的关系为：

$$\varphi_T^{(n)} = \varphi_T^{(n-1)} + (\psi_T - \varphi_T^{(n-1)}) \cdot \phi \tag{3-6}$$

根据（3-3）~（3-5）式和递推公式（3-6），结合数学归纳法很容易得到迭代通式（证明略）：

$$\varphi_T^{(n)} = \phi\psi_T \cdot [1 + (1 - \phi) + (1 - \phi)^2 + \cdots + (1 - \phi)^{n-2} + (1 - \phi)^{n-1}]$$

$$= \phi\psi_T \cdot \frac{1 - (1 - \phi)^n}{1 - (1 - \phi)} = \psi_T \cdot [1 - (1 - \phi)^n] = \psi_T \cdot \left[1 - \left(1 - \frac{1}{(1 + | \; \alpha \cdot \psi_T \; |)^\beta}\right)^n\right]$$

$$\tag{3-7}$$

由于 $0 \leq 1 - \dfrac{1}{(1 + | \; \alpha \cdot \psi_T \; |)^\beta} < 1$，所以当迭代次数趋于无穷时，$\varphi_T^{(n)}$ 的极限存在：

$$\lim_{n \leftarrow \infty} \varphi_T^{(n)} = \psi_T \cdot [1 - 0] = \psi_T \tag{3-8}$$

上式表明，当迭代次数 n 趋于无穷大时，迭代得到的第 n 次改造值 $\varphi_T^{(n)}$ 趋于理论转换因子 ψ_T。这也表明采用 $\varphi_T^{(n)}$ 代替 ψ_T 进行位场数据转换处理在理论上是可行的，即式（3-1）可改写为：

$$U_T^{(n)} = \varphi_T^{(n)} \cdot U_o = \left[1 - \left(1 - \frac{1}{(1 + | \; \alpha \cdot \psi_T \; |)^\beta}\right)^n\right] \cdot \psi_T \cdot U_o$$

$$= \left[1 - (1 - \frac{1}{(1 + \mid \alpha \cdot \psi_T \mid)^\beta})^n \right] \cdot U_T \qquad (3\text{-}9)$$

由（3-9）式可以看出，采用迭代法得到的波谱 $U_T^{(n)}$ 等价于在理论转换谱 U_T 中加入了一个与迭代次数 n 相关的附加滤波器，因此可将这种波数域的迭代法称为迭代滤波法。而迭代次数是迭代滤波结果好坏的唯一影响因素，下文将探讨迭代次数的选取对迭代滤波结果的影响并给出了最佳迭代次数区间的选择方案。

文中模型试验及实例应用中，笔者在向下延拓时给定参数 $\alpha = 1$，$\beta = \dfrac{h}{10\Delta x}$，其中 h、Δx 分别是向下延拓深度和原始数据网格点距；在导数换算时选取参数 $\alpha = 1$ 及 β 为求导阶次；在化磁极是选取 $\alpha = e^{r \cdot (\pi/2 - I_0) \cdot \Delta x}$、$\beta = \pi/2 - I_0$，其中 r 为圆频率，I_0 为地磁倾角（弧度）。

3.1.2 迭代滤波法最佳迭代区间的确定

首先以模型试验为辅来说明迭代计算结果、迭代误差与迭代次数的关系。实验采用了两个水平圆柱体的叠加重力异常进行迭代延拓和迭代求导的数值试验。选取测线长度 20 km，采样间隔 0.1 km；两个圆柱体的质心埋深分别为 4 km 和 6 km，质心水平位置分别为 7 km 和 12 km 处，圆柱体半径分别为 0.6 km 和 1 km，线密度为 1.0 g/cm³。组合模型体产生的重力异常如图 3-1 所示。

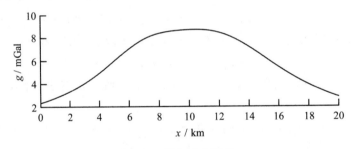

图 3-1　叠加重力异常

针对理论模型，可以利用迭代结果与理论值的均方误差（即迭代误差：Iteration error）来探讨迭代误差与迭代次数的关系，其迭代误差 e 表示为：

$$e = \sqrt{\frac{\sum\limits_{m=1}^{M} \left[u_t(m) - u_n(m) \right]^2}{M}} \qquad (3\text{-}10)$$

其中，u_n 为迭代波谱 $U_T^{(n)}$ 的 Fourier 逆变换。

图 3-2 显示了迭代次数对向下延拓 20 倍点距和垂向三阶导数计算结果［图 3-2（a）（b）］的影响以及对迭代误差［图 3-2（c）（d）中黑线］的影响。图 3-2（a）（b）可以看出：当迭代次数 n 较小时，迭代结果与理论值的误差主要集中在异常极值分布区（即有效信号未能得到较好转换）；当迭代次数 n 过大时，计算值在数据边部区

域出现了明显的波动性（即高频成分未能得到有效压制）；仅当迭代次数选取适中时，计算结果具备一定稳定性的同时，原始信号中的有效成分也得到较好转换。图 3-2（c）（d）中迭代误差曲线可以看出：迭代误差并非随着迭代次数的增加而得到持续的降低，而是先减小后逐渐递增，当迭代次数较大时，得到的结果［如图 3-2（a）（b）中的紫线］依然是不稳定的，这与姚长利等人[63-64]分析结果是相一致的。

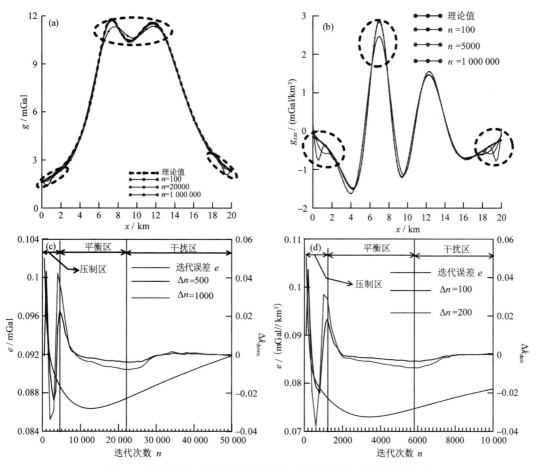

图 3-2　迭代结果、迭代误差和差值互相关之差与迭代次数关系
（a）不同迭代次数的向下延拓 20 倍点距迭代结果；（b）不同迭代次数的垂向三阶导数迭代结果；
（c）向下延拓 20 倍点距迭代误差、差值互相关系数之差与迭代次数的关系；
（d）垂向三阶导数迭代误差、差值互相关系数之差与迭代次数的关系

在模型试算中，可以利用迭代误差极小值点作为最佳迭代次数的选取标准。然而在实际情况下，我们并不知道理论转换值 u_t，也就是说不能采用迭代误差来评价迭代次数对迭代滤波结果的影响。虽然目前有关迭代法（或补偿法）的文章有三十篇之多，但至今仍没有一篇文献可以客观地、有效地解决迭代次数选取的问题。针对迭代次数选取是迭代滤波结果好坏的关键性问题，在此提出了差值互相关系数的定义，并在此

之上，采用两个相邻（迭代）间隔滤波结果的差值互相关系数之差对迭代次数选取的影响进行客观评价。

1. 差值互相关系数

设离散信号 $f(m)$、$g(m)$ 的采样总点数为 M，定义

$$k = \frac{\sum_{m=1}^{M} |f(m) - g(m)|}{\sqrt{M \cdot \sum_{m=1}^{M} [f(m) - g(m)]^2}} \tag{3-11}$$

为信号 f 和 g 的差值互相关系数。根据许瓦兹不等式可知，

$$\left(\sum_{m=1}^{M} |f(m) - g(m)|\right)^2 \leqslant \left(\sum_{m=1}^{M} [1]^2 \times \sum_{m=1}^{M} [|f(m) - g(m)|]^2\right)$$

$$= M \cdot \sum_{m=1}^{M} [f(m) - g(m)]^2 \tag{3-12}$$

且有 $|f(m) - g(m)| \geqslant 0$，则差值互相关系数 k 的数值范围为 $0 \leqslant k \leqslant 1$。

2. 相邻迭代间隔的差值互相关系数之差

两个相邻间隔迭代计算结果的差值互相关系数之差 Δk_n 可表示为：

$$\Delta k_n = k_{n+\Delta n} - k_n \tag{3-13}$$

其中，$k_{n+\Delta n}$、k_n 可依据（3-11）式给出，即：

$$k_{n+\Delta n} = \frac{\sum_{m=1}^{M} |u_{n+2\Delta n}(m) - u_{n+\Delta n}(m)|}{\sqrt{M \cdot \sum_{m=1}^{M} [u_{n+2\Delta n}(m) - u_{n+\Delta n}(m)]^2}},$$

$$k_n = \frac{\sum_{m=1}^{M} |u_{n+\Delta n}(m) - u_n(m)|}{\sqrt{M \cdot \sum_{m=1}^{M} [u_{n+\Delta n}(m) - u_n(m)]^2}} \tag{3-14}$$

其中，u_n、$u_{n+\Delta n}$、$u_{n+2\Delta n}$ 分别为迭代波谱 $U_T^{(n)}$、$U_T^{(n+\Delta n)}$、$U_T^{(n+2\Delta n)}$ 的 Fourier 逆变换，Δn 为迭代次数的采样间隔。

图 3-2（c）（d）中的红线和黑线是采用不同迭代间隔，利用公式（3-13）计算得到的相邻间隔差值互相关系数之差 Δk 与迭代次数 n 的关系曲线。从曲线图中可以看出：差值互相关系数之差 Δk 随着 n 的增加先呈现出"跳跃"式大幅度变化，再缓慢单调变化至一极值点，然后再从这个极值点缓慢变化至零值（或在零值附近小幅度上下波动）；同时曲线图中也可以看出，Δk 的变化特征与迭代间隔 Δn 选取无明显关系。

依据上述差值互相关系数之差 Δk 的曲线变化特征，结合上文的迭代计算结果和迭代误差与迭代次数的关系，可以将迭代计算结果随迭代次数的增加依次分为以下三个区域：

（1）信号压制区（Suppression Zone）：迭代次数 n 较小导致迭代改造值 $\varphi_T^{(n)}$ 偏小而对有用信号进行了压制，使得信号未能完全转换而导致迭代误差 e 偏大的区域。该区域中，迭代误差 e 随着迭代次数的增加迅速递减，差值互相关系数之差 Δk 变化强度较大，迭代计算结果与理论值的误差主要分布在异常的极值分布区。

（2）最佳迭代区（Balance Zone）：由于迭代次数 n 适当，不仅迭代改造值 $\varphi_T^{(n)}$ 可以将有用信号进行较好的转换，同时也因 $\varphi_T^{(n)}$ 不是很大而使得迭代结果具有一定稳定性的区域。在该区域内，迭代误差 e 随着迭代次数 n 的增加变化缓慢，幅度变化也较小；差值互相关系数之差 Δk 则是从一个极值点单调（或近似单调）变化至另一个相反极值点。在最佳迭代区内，随着迭代次数 n 的增加，有用信号得到持续的转换而使得迭代结果在大部分的数据点上更加接近理论值；与此同时，$\varphi_T^{(n)}$ 的持续增加也导致结果在局部（尤其边部）的不稳定性也逐渐趋于明显。也就是说，在该区域内，得到持续转换的有用信号和局部转换不稳定的波动数据达到了一种近似"平衡"状态（因此可将最佳迭代区称之为平衡区），正是由于这种"相互博弈的平衡"才使得迭代误差（综合效果）在该区域内变化缓慢。

（3）局部干扰区（Interference Zone）：迭代次数 n 选取过大导致迭代改造值 $\varphi_T^{(n)}$ 偏大而使得迭代结果不稳定性较强的区域。在这个区域内，迭代次数 n 的增加使得 $\varphi_T^{(n)}$ 持续加大导致迭代误差持续升高和迭代结果逐步趋于 FFT 法的不稳定计算结果。

以上述分析结果，可知影响迭代误差的主要因素有两部分：一部分是有用信号的转换程度，这决定着迭代计算结果是否可以接近理论值；另一部分则是迭代改造值 $\varphi_T^{(n)}$ 的某些数据是否很大，这则直接影响着计算结果的稳定性。这表明：随着迭代次数的增加，虽然有效信号得到了持续较好的转换，然而 $\varphi_T^{(n)}$ 的持续增加导致计算结果的稳定性逐步变差。也就是说，采用迭代法想要得到极为精确的计算结果的话，就不得不"牺牲"掉局部数据的稳定性。

3.1.3   模型检验

为了进一步验证本文迭代滤波法的有效性和迭代次数选取的正确性，下面进行了含 1%噪声的模型数值试验，包括向下延拓 20 倍点距、垂向二阶导数，以及水平磁化的地质体的化磁极。并在此基础上将文中方法的计算结果与常用迭代法的进行了对比分析。

1. 迭代向下延拓试验

设计的模型为 4 个参数不同球体的叠加，其模型体参数与模型体平面位置见图 3-3（a），所有地质体的剩余密度均为 0.5 g/cm³，图 3-3（b）为模型体产生的重力异常中加入 1%随机噪声的结果。

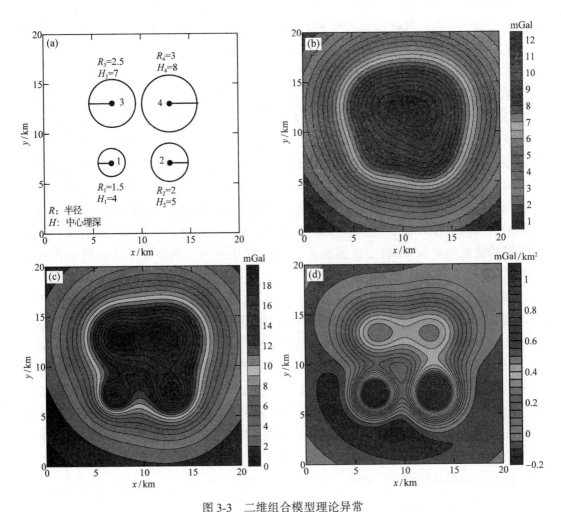

图 3-3　二维组合模型理论异常

（a）模型示意图；（b）加入 1%随机干扰的重力异常；（c）向下延拓 20 倍点距理论值；

（d）垂向二阶导数理论值

　　图 3-4 是积分迭代法向下延拓 20 倍点距的计算结果。图中可以看出，迭代误差 e 和差值互相关系数之差 Δk 随迭代次数的变化特征与图 3-2 中的相似；这里将迭代误差最小时对应的迭代次数作为最佳（$n=13$），则对应的积分迭代结果见图 3-4（b），从结果中可以看出积分迭代结果稳定性较差，误差［图 3-4（c）］主要分布在异常的极值区，最大误差在地质体 1 上方，为 2.943 mGal，而对应位置的理论值为 17.312 mGal，误差百分比为 17%。这表明，积分迭代法的计算结果不仅稳定性较差，而且原异常中的有用信号也未能得到较好的转换。

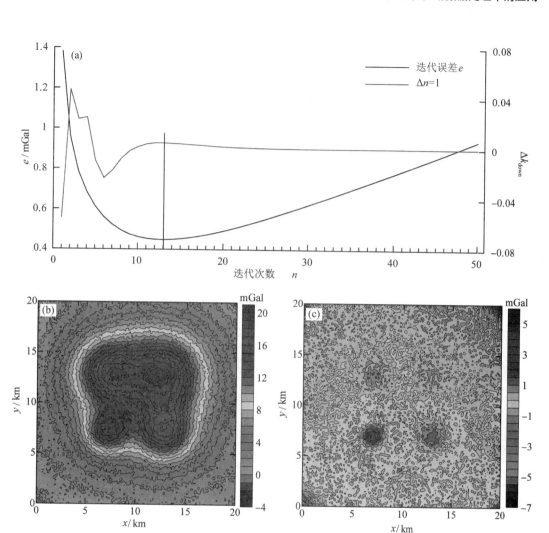

图 3-4　积分迭代法向下延拓 20 倍点距结果

（a）迭代误差及差值互相关系数之差与迭代次数的关系曲线；（b）最佳迭代延拓结果；

（c）迭代值与理论值的差值

图 3-5 是 Taylor 级数迭代延拓结果，图中可以看出，迭代误差 e［图 3-5（a）］在迭代次数 $n=1$ 是最小，随着迭代次数增加，迭代误差迅速递增；同时，该方法下的差值互相关系数之差 Δk 随着迭代次数的增加迅速下降至零值。在这种情况下，我们只能选取迭代次数 $n=1$ 是作为最佳迭代次数，此时的计算结果见 3-5（b）。从计算得到的异常图［图 3-5（b）］已无法分辨出产生异常的地下地质体分布特征，同时结果表现出的不稳定性相对积分迭代结果更为强烈；误差［图 3-5（c）］同样主要分布在异常的极值分布区，最大误差同样在地质体 1 上方，为 6.620 mGal，误差百分比高达 38.24%。这表明，Taylor 级数迭代法虽然可以减少迭代次数，但其结果不仅稳定性更差，而且有用信号在更大程度上未能得到转换。

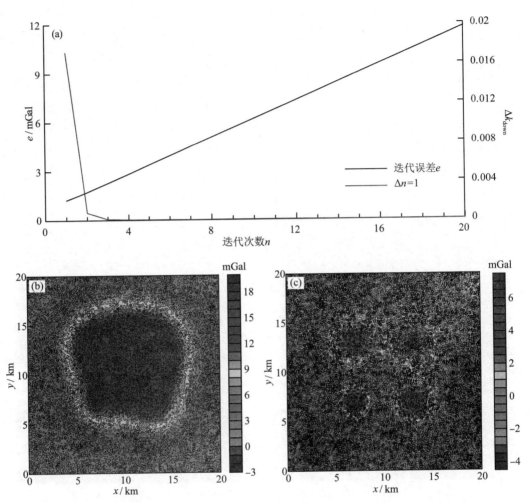

图 3-5 Taylor 级数迭代法向下延拓 20 倍点距结果
（a）迭代误差及差值互相关系数之差与迭代次数关系曲线；（b）最佳迭代延拓结果；
（c）迭代值与理论值的差值

图 3-6 是迭代滤波的延拓结果，同样，迭代误差 e 和差值互相关系数之差 Δk 随迭代次数的变化特征与图 3-2 中的更为相似。在这里，我们利用文中提及的 Δk 变化特征选取最佳迭代次数（$n=1300$），并给出了此迭代次数对应的迭代结果［图 3-6（b）］，可以看出，除边部数据的波动外，异常在其他位置表现出了较好的稳定性，且与理论异常［图 3-3（c）］具有较好的一致性；而该方法得到的误差主要分布在研究区的边部，而同样在地质体 1 上方，文中迭代滤波法的误差为 1.273 mGal，相对误差为 7.35%，这远小于积分迭代法和 Taylor 级数迭代法的误差；同时，迭代滤波计算得到的迭代误差为 0.403 mGal，同样小于积分迭代法的 0.448 mGal 和 1.248 mGal。

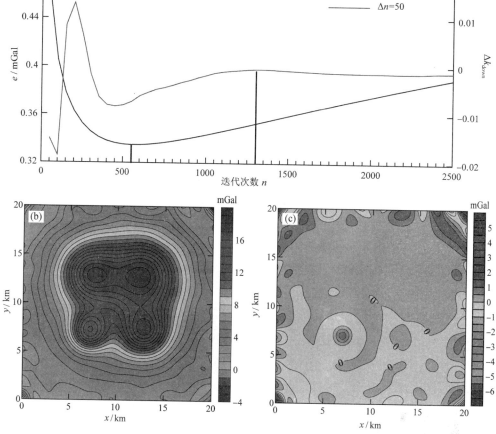

图 3-6　迭代滤波法向下延拓 20 倍点距结果
（a）迭代误差及差值互相关系数之差与迭代次数关系曲线；（b）最佳迭代延拓结果；
（c）迭代值与理论值的差值

上述向下延拓模型检验结果表明，相对于积分迭代法和 Taylor 级数迭代法，迭代滤波不仅具有较强的抗噪能力，也具有较好的保幅性。

2. 迭代求导试验

这里选取图 3-3（b）含噪声重力异常进行垂向二阶导数计算。图 3-7、图 3-8 分别是利用侯重初老师的补偿圆滑滤波法和迭代滤波法计算得到的导数值。从图 3-7（a）和图 3-8（a）可以看出，两种方法的迭代误差和差值互相关系数之差 Δk 的变换特征极为相似；补偿圆滑滤波法的计算结果［图 3-7（b）］是利用迭代误差取最小（0.036 mGal）时的迭代次数（$n=40$）所对应的迭代值，而迭代滤波法的结果［图 3-8（b）］是利用 Δk 变化特征（红线对应位置）选取迭代次数（$n=16$）对应的迭代值，此时迭代滤波的迭代误差为 0.035 mGal（略小于补偿圆滑滤波结果）。从计算结果图 3-7（b）和图 3-8（b）中可以看出，两种方法得到的导数值除局部数据的波动外，整体上均具有较好的稳定性；同时两种方法的计算结果均与理论导数异常相近，这也表明了两种方法均有较强的保幅能力；同时两者误差图 ［图 3-7（c）、图 3-8（c）］ 的等值线特征也较为相近，误差均主要集中在研究区的边部。

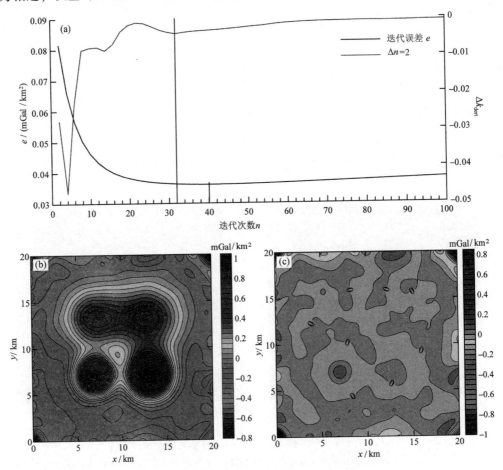

图 3-7　补偿圆滑滤波法得到的垂向二阶导数

（a）迭代误差及差值互相关系数之差与迭代次数关系曲线；（b）最佳迭代次数的导数结果；
（c）迭代值与理论值的差值

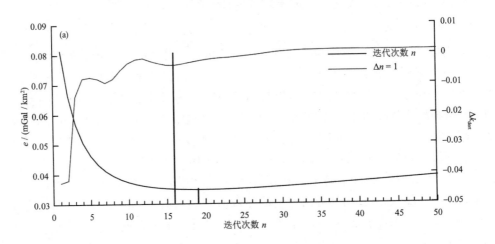

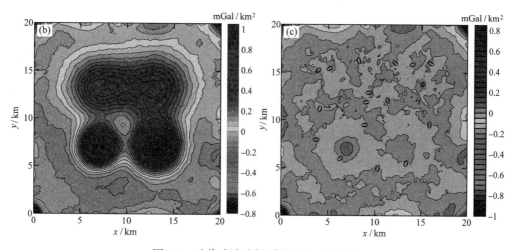

图 3-8　迭代滤波法得到的垂向二阶导数

（a）迭代误差及差值互相关系数之差与迭代次数关系曲线；（b）最佳迭代次数的导数结果；
（c）迭代值与理论值的差值

迭代求导试验表明，无论是补偿圆滑滤波法，还是迭代滤波法，在进行导数换算时，均可以获得稳定性较强、保幅性较好的计算结果。

3. 迭代化极试验

为了对迭代法在化极转换处理中的应用效果进行更为客观的评价，选取了水平磁化的异常数据进行化磁极处理，同时进行了算法稳定性分析。选取的模型是前人常用的正方体，其模型体边长为 20 m，厚 2 m，上顶埋深 1 m，磁化强度为 1 A/m。数据网格参数为：线数 64，每条线上均为 64 个点，网格点距 1 m。在这里，将水平磁化的模型体磁异常加入了 1% 的随机干扰 [图 3-9（a）]，图 3-9（b）为垂向磁化的理论磁异常。

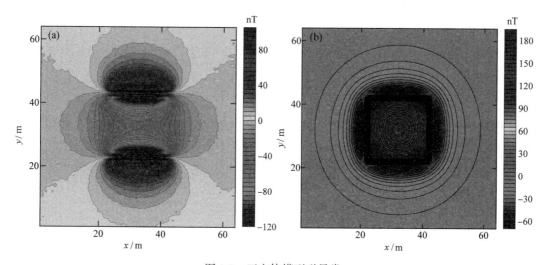

图 3-9　正方体模型磁异常

（a）加入 1% 随机噪声的水平磁化磁异常；（b）垂直磁化磁异常

图 3-10 是骆遥等人[105]提出的"狭义化赤"迭代化极结果，图 3-10（a）给出了迭代误差 e 和 Δk 随迭代次数的变化曲线，这里选取迭代误差最小时迭代次数（$n=78$）对应的迭代值作为最佳滤波输出［图 3-10（b）］，可以看出，"狭义化赤"迭代化极将水平磁化的磁异常较好地转换为了垂直磁化异常，然而结果稳定性较差，主要表现为沿磁偏角垂直方向的条带干扰现象；从误差图［图 3-10（c）］可以看出误差集中分布在正方体 Y 方向（即垂直于磁偏角）的边界处，该方法在有效信号区域的最大偏差高达 47.83 nT。这表明，"狭义化赤"迭代化极方法虽然可以将异常进行一定的化极转换，但是计算结果受噪声干扰较为明显，同时化极转换不够彻底，尤其垂直于磁偏角方向。

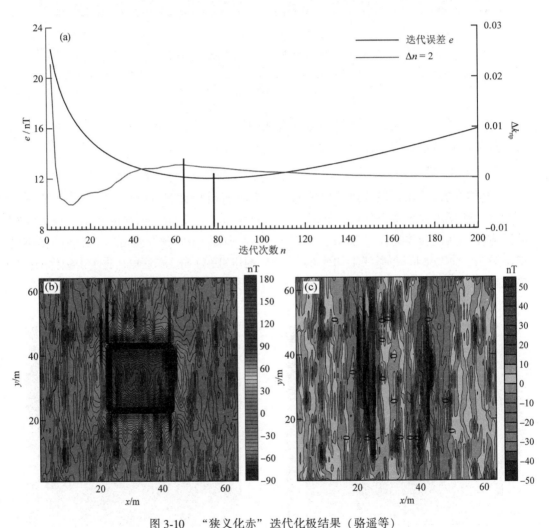

图 3-10　"狭义化赤"迭代化极结果（骆遥等）

（a）迭代误差及差值互相关系数之差与迭代次数关系曲线；（b）最佳迭代次数的化极结果；

（c）迭代值与理论值的差值

图 3-11 是本文迭代滤波化极结果，依据 Δk 的变化特征选取了最佳迭代次数（图中红线对应位置，$n = 39\,000$），对应该迭代次数的滤波值见图 3-11（b），可以看出，相对于"狭义化赤"迭代化极而言，本文迭代滤波化极结果不仅稳定性较好，同时异常的幅值更加接近于理论值［图 3-9（b）］；误差［图 3-11（c）］同样主要分布在正方体 Y 方向的边界处，而该方法在有用信号区域内的最大误差为 26.76 nT，远小于"狭义化赤"迭代化极的，同时迭代滤波化极的迭代误差为 8.97 nT，小于"狭义化赤"迭代化极 12.0 nT 的迭代误差。

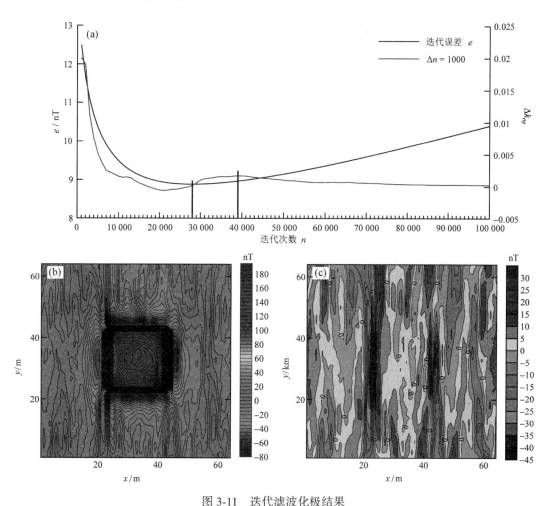

图 3-11　迭代滤波化极结果

（a）迭代误差及差值互相关系数之差与迭代次数关系曲线；（b）最佳迭代次数的化极结果；

（c）迭代值与理论值的差值

迭代化极试验结果表明，相对于前人的迭代化极而言，迭代滤波化极结果具有较强的抗噪能力和保幅能力。

3.1.4　实例应用

为了验证本文方法在实际数据不稳定计算处理中的实用性，采用东北某地区三维航磁数据进行迭代求取垂向二阶导数和迭代向下延拓 10 倍点距的试验。图 3-12（a）是原始观测面上的航磁异常，数据网格间距为 0.5 km×0.5 km。

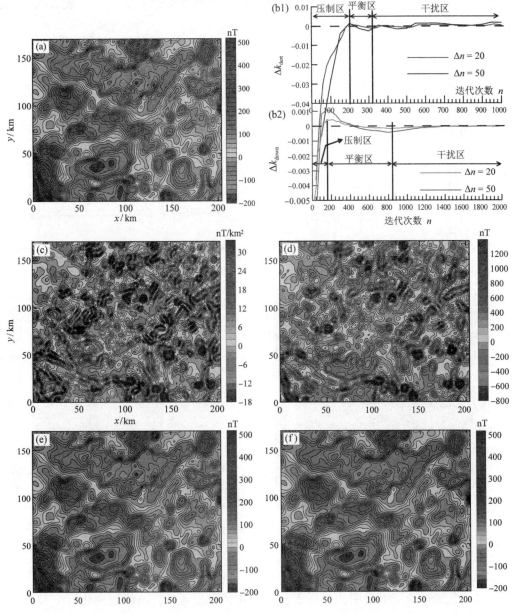

图 3-12　中国东北某地航磁异常迭代向下延拓和迭代求导结果

（a）航磁异常；（b1）（b2）分别是垂向二阶导数和向下延拓 10 倍点距的差值互相关系数之差与迭代次数关系曲线；（c）垂向二阶导数迭代结果；（d）向下延拓 10 倍点距迭代结果；（e）图 3-12（c）垂向二次积分得到的回返磁异常；（f）图 3-12（d）向上延拓 10 倍点距得到的回返磁异常

利用（3-13）式、（3-14）式计算得到迭代求导、迭代向下延拓的差值互相关系数之差与迭代次数的关系曲线分别见图 3-12（b1）（b2）。根据差值互相关系数之差随迭代次数的变化特征，选取迭代求导和迭代向下延拓的最佳迭代次数分别为 320 和 840，将最佳迭代次数带入（3-9）式即可分别得到图 3-12（c）的迭代求导计算结果和图 3-12（d）的迭代延拓计算结果。从迭代计算结果［图 3-12（c）（d）］中可以看出，无论是向下延拓还是导数换算，数据转换结果均未出现明显的不稳定现象。向下延拓和垂向导数计算结果均对局部异常反应明显，两者在局部异常特征上表现出了较好的一致性，异常走向以近 EW 向、NE 向及 NW 向为主，推测与断裂构造有关。

为了进一步验证迭代计算结果的准确性，将图 3-12（c）（d）分别进行垂向二次积分和向上延拓 10 倍点距，回返得到的磁异常分别见图 3-12（e）（f）。可以看出，无论是导数积分回返的异常还是向下延拓回返的异常，在形态上和幅值均十分相近原始磁异常。这进一步说明了迭代滤波法的实用性和迭代次数选取的正确性。

3.1.5　本节小结

依据位场波数域理论转换因子的特征，首先设计了一个滤波特性与理论转换因子相反的滤波器，并将其加入理论转换因子中来解决直接 FFT 计算结果的不稳定性，再结合迭代法逐次逼近的特点，给出了解决位场不稳定计算的迭代滤波法。由于该方法可以采用迭代通式直接实现，无须进行逐步迭代处理，因此计算速度与直接 FFT 法的基本相当。

同时利用差值互相关系数之差与迭代次数的关系特征，将迭代结果随着迭代次数的增加分为信号压制区、最佳迭代区和局部干扰区三个区域，并将最佳迭代区与局部干扰区的交点位置对应的迭代次数设定为最佳迭代次数。

模型试验和实际资料应用均表明迭代滤波法用于解决位场计算的不稳定问题是准确的，可靠的。迭代滤波方法原理简单，易于实现，有着较高的计算精度和较强的计算稳定性。该方法有望在低纬度化极、大幅度向下延拓和高阶导数等不稳定问题的实现发挥积极有效的作用。

3.2　基于迭代法的位场异常分离方法

位场是地下不同位置、不同深度、不同物性参数地质体引起的异常场总和。区域场与局部场的叠加使得位场异常较为复杂，尤其局部异常特征难以在叠加场中识别出来。为了利用位场异常反演解释不同深度的地质体，需要在叠加异常中分离出这部分地质体引起的异常。目前较为常用的场分离方法有：趋势分析法、延拓法、匹配滤波法、维纳滤波法等，这些方法均有自身的优点，但也有各自的局限性。本节在迭代思想基础上，提出了场分离的迭代滤波法。

3.2.1 基本原理

令叠加异常 $u(x, y)$ 的波谱为 $U(u, v)$，假设算子 $H(u, v, \alpha)$ 是一低通滤波器且满足 $0 \leqslant H \leqslant 1$，那么将 $H(u, v, \alpha)$ 作用于 $U(u, v)$ 可以达到场分离的目的，即有：

$$U_{reg}(u, v, \alpha) = U(u, v) \cdot H(u, v, \alpha) \tag{3-15}$$

其中，u、v 分别是 x、y 方向上的波数，α 是算子 H 的滤波参数。按照滤波参数 α 的选取可以将场分离情况分为以下 3 种：1）滤波参数 α 选取不当使得分离出的区域场 u_{reg}（$u_{reg} = F^{-1}[U_{reg}]$，$F^{-1}$ 是 Fourier 反变换）中含有局部场成分；2）滤波参数 α 选取恰当使得叠加异常 u 分离较为彻底；3）滤波参数 α 选取不当使得分离出的局部场 $u_{red} = u - u_{reg}$ 中含有区域场成分。

在实际应用中，由于滤波参数 α 不易确定而使得场的分离容易出现第一种或第三种情况，使得位场分离效果不理想。

针对第一种情况，提出这样的改进方案：固定滤波参数 α 使得区域场 u_{reg} 含有较多的局部场成分，那么将 H 再次作用于 U_{reg} 以进一步剥离出局部异常，即有 $U_{reg}^2 = U_{reg} \cdot H = U \cdot H^2$，倘若 U_{reg}^2 还含有局部场成分，则可以继续将 H 作用于 U_{reg}^2，依次类推，那么 H 作用 n 次的区域场波谱为：

$$U_{reg}^n = U_{reg}^{n-1} \cdot H = U \cdot H^n \tag{3-16}$$

只要选合适的作用次数 n，即可以使得区域场中的局部场成分较好的剥离出去。

针对第三种情况，改进方案为：固定参数 α 使得局部场 u_{red} 含有较多的区域场成分，那么此时需要将局部异常波谱中的区域场成分剥离出来"返还"给区域场，即：

$$U_{reg}^2 = U_{reg} + (U - U_{reg}) \cdot H = U \cdot H \cdot [1 + (1 - H)] \tag{3-17}$$

此时局部异常波谱变为：

$$U_{red}^2 = U \cdot \{1 - H \cdot [1 + (1 - H)]\} = U \cdot (1 - H)^2 \tag{3-18}$$

若局部场中仍有区域场信息，则继续对局部场进行剥离并"返还"给区域场，如此一直进行下去，至剥离"返还" n 次时，满足局部场中没有或几乎没有区域场成分时终止，此时，区域异常波谱 U_{reg}^n 和局部异常谱 U_{red}^n 分别为：

$$U_{reg}^n = U_{reg}^{n-1} + (U - U_{reg}^{n-1}) \cdot H = U \cdot H \cdot [1 + (1 - H) + (1 - H)^2 + \cdots +$$
$$(1 - H)^{n-1}] = U \cdot [1 - (1 - H)^n] \tag{3-19}$$

$$U_{red}^n = U \cdot (1 - H)^n \tag{3-20}$$

显然，上述第二种改进方案中，局部场剥离和"返还"过程与迭代法的思维模式是一致的，因此可以将这种改进方案称为分离场的迭代法。该方法的原理是：随着迭代次数的增加逐渐将局部场中的区域异常剥离出来"返还"给区域场，当迭代达到一定次数时，可认为局部场中不包含（或者包含少量）区域场成分，此时迭代次数为最佳，而随着迭代次数的继续增加，则会导致局部场成分被剥离过多而导致区域场含有局部场信息。显然，位场分离的迭代法与针对数据不稳定计算所采用的迭代滤波法在物理实质上是完全不同的。

对于第一类型改进方案文中暂不予分析和模拟，但该方案同样有着自身的物理意义，例如，给定 $H = \exp(-r(u, v) \cdot \Delta d)$（$r$ 为圆波数，Δd 为网格点距；一般可认为向上延拓 1 个点距的异常值中包含着较多的局部场信息），则 H 作用 n 次的区域场波谱为 $U_{reg}^n = U \cdot \mathrm{e}^{-r \cdot n \Delta d}$，也就变成向上延拓进行异常分离了，当然 H 还可以是其他形式的滤波算子。

这里着重研究第二种改进方案，给出低通滤波 H 形式为：

$$H(\alpha, h, \beta) = \frac{1}{(1 + \alpha \cdot \mathrm{e}^{r \cdot h})^{\beta}} \tag{3-21}$$

为了满足第二类情况的条件，这里设定 $\alpha \geqslant 1$，$h \geqslant 50 \Delta d$，$\beta \geqslant 1$，而迭代次数（即剥离"返还"次数）的选取方案采用的是上一节的差值互相关系数之差（反映的是分离出的区域场和局部场随迭代次数的变化）。模型试验中选取参数 $\alpha = \beta = 1$，$h = 100 \Delta d$。

3.2.2 模型试验

为了验证迭代法进行场分离的正确性，进行了二维叠加异常试验，并与常规的向上延拓进行对分分析。选取的区域场源为一球体，其参数为：埋深 10 km，半径 3 km，质心平面点位（7 km，7 km）处，产生的区域重力异常见图 3-13（a）。选取的局部场源为两个球体叠加，球体 1 的参数为：埋深 1 km，半径 0.5 km，质心平面点位（5 km，5 km）处；球体 2 的参数为：埋深 2 km，半径 0.8 km，质心平面点位（10 km，10 km）处，由浅部地质体 1 和 2 产生的局部重力异常见图 3-13（b）。图 3-13（c）是区域异常和局部异常的叠加重力异常。

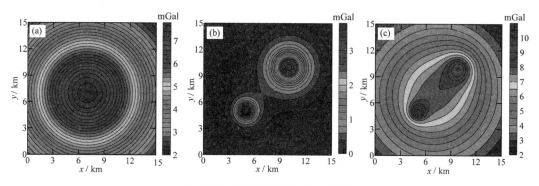

图 3-13 场分离试验的重力异常

（a）区域异常；（b）局部异常；（c）叠加异常

采用向上延拓值与理论区域异常的最小均方误差［图 3-14（a）］对应的延拓高度作为最佳高度（0.7 km），对应该延拓高度的延拓值如图 3-14（b）所示，可以看出，向上延拓得到的区域异常明显存在局部场信息，在地质体 2 上方区域场与理论异常值相差高达 1.382 mGal（23.48%），这将导致分离出的剩余异常［图 3-14（c）］在幅值上远小于理论异常值。在地质体 1 和地质体 2 上方，向上延拓的剩余异常值分别为 3.028 mGal 和 2.195 mGal，相对于这两点的理论值 3.566 mGal 和 3.587 mGal，误差达 15.09% 和 38.81%。

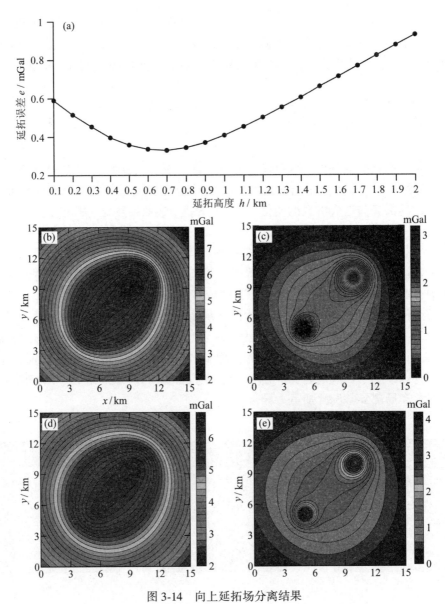

图 3-14　向上延拓场分离结果

（a）不同延拓高度重力异常与理论区域异常误差；（b）向上延拓 0.7 km 的重力异常；（c）向上
延拓 0.7 km 的剩余异常；（d）向上延拓 1.2 km 的重力异常；（e）向上延拓 1.2 km 的剩余异常

　　为了进一步消除局部场对区域异常的影响，将向上延拓高度提升为 1.2 km，得到的延拓值（即区域异常）和剩余异常分别见图 3-14（d）（e）。可以看出，相对于向上延拓 0.7 km 的延拓异常，延拓高度为 1.2 km 的区域异常受局部异常影响变小，且分离出的剩余异常也明显更加接近于理论值，在地质体 1、2 上方，剩余异常值分别变为 3.972 mGal 和 3.126 mGal，误差减小为 11.39% 和 12.85%。但是区域异常 ［图 3-14（d）］不仅形态上与理论异常 ［图 3-13（a）］ 仍相差较大（说明区域场仍然受局部场的影响），而且幅值也明显小于理论值（又说明区域场的一部分信息包含在了剩余场中）。也就是说，向上延拓其实难以达到真正的场分离目的。

图 3-15（b）（c）是根据差值互相关系数与迭代次数的关系［图 3-15（a）］选取最佳迭代次数（$n=17$）时得到的区域异常和剩余异常。可以看出，迭代滤波分离出的区域异常在形态上与理论异常相近，在数值上也相差不大，最大误差为 0.526 mGal（6.62%），小于向上延拓 0.7 km 和 1.2 km 的误差；得到的剩余场在地质体 1 和地质体 2 上方异常值分别为 3.875 mGal 和 3.264 mGal，误差百分比分别为 8.67% 和 9%，也同样小于上面两种延拓模式得到的剩余异常在地质体 1、2 上方的误差。

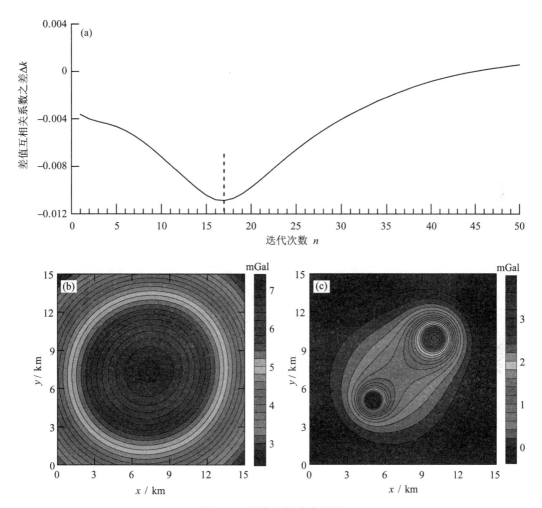

图 3-15　迭代法场分离结果

（a）差值互相关系数之差随迭代次数的变化曲线；（b）分离出的区域异常；（c）分离出的剩余异常

3.2.3　实例分析

为了测试迭代法分离实际重力场的效果，选取了吉林省南部鸭绿江盆地实测重力数据（点距和线距均为 1 km）进行试验。鸭绿江盆地位于中朝板块东北缘，二级大地构造单元隶属于辽东台隆区，盆地主体位于太子河—浑江坳陷内，盆地内除志留系、泥盆系地层缺失外，其他时代的岩石均有出露（图 3-16），且研究区存在一系列逆冲推覆构造，使得地层关系十分混乱、连续性极差及地层倒置现象相当普遍[234]，这给地质体边界确定甚至地质解释都带来了较大难度。不过研究区内各个时代的岩石出露较好，地层在奥陶系与石炭系间存在明显的密度差（表3-1），这也为方法试验的可靠性提供了较好的对比依据。

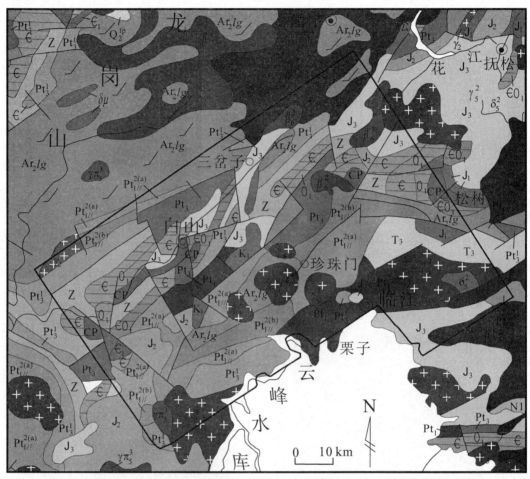

图 3-16　鸭绿江盆地地质图

表 3-1　鸭绿江盆地地层/岩石密度统计表

单位：g·cm⁻³

界	新生界			中生界		古生界					其他				
系	第四系	第三系		白垩系	侏罗系	二叠系	石炭系	奥陶系	寒武系	震旦系	青白口系	元古界	太古界	燕山期花岗岩	闪长岩
统	Q	βQ	βN	K	J	P	C	O	∈	Z	Qn	Pt	Ar	γ	δ
	1.85	2.62	2.52	2.49	2.59	2.58	2.56	2.68	2.70	2.68	2.67	2.75	2.75	2.57	2.91

图 3-17 是鸭绿江盆地的布格重力异常，可以看出，布格重力异常整体表现为西高东低的特征，可看作是深部莫霍面起伏的影响；较大型的重力异常圈闭主要分布在六道阳岔—二道江正圈闭、石人负圈闭和蚂蚁河—闹枝沟屯负圈闭，六道阳岔地区正圈闭可能与远古界、太古界高密度岩石出露有关，石人负圈闭则可能是中生代地层沉积较厚引起的，而蚂蚁河—闹枝沟屯负圈闭异常应与燕山期花岗岩有着密切关系；局部的重力异常与浅部的地层分布有关。

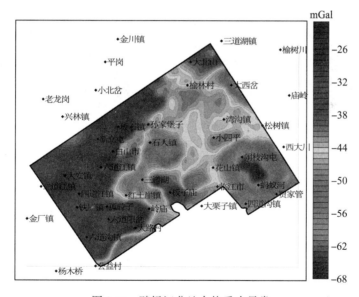

图 3-17　鸭绿江盆地布格重力异常

图 3-18 是向上延拓的重力场分离结果，最佳延拓高度依据的是相关系数曲线 [图 3-18（a）] 在延拓高度为 8 km 时存在转折点。图 3-18（b）（c）是延拓 8 km 的重力异常（看作区域异常）和原异常与延拓异常的差值（看作是剩余异常）。可以看出，区域重力异常分布具有西高东低的特点，即反映了布格重力异常的整体异常特征。剩余重力场 [图 3-18（c）] 在一定程度上突出了布格重力异常的细节信息，但整体异常

特征与布格重力异常［图 3-17（a）］大致一致，同样表现为西高东低的异常分布特征，这与区域场的分布具有一定的相关性，因此认为向上延拓分离出的剩余异常中包含了一部分区域场的信息。

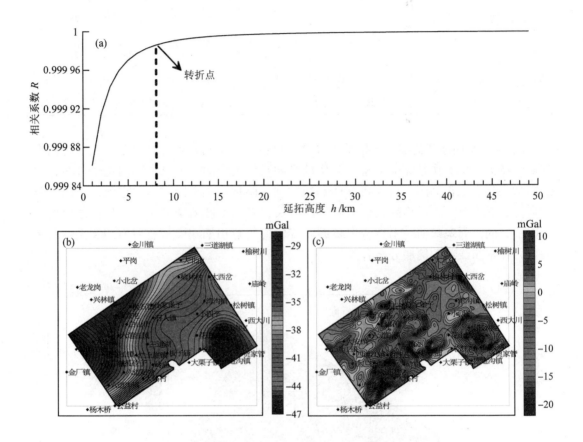

图 3-18　向上延拓在鸭绿江盆地重力场上的分离结果
（a）不同延拓高度重力异常的相关系数；（b）分离的区域异常；（c）分离的剩余异常

利用重力异常差值互相关系数之差与迭代次数的关系曲线［图 3-19（a）］可确定重力场分离的最佳迭代次数为 15 次。分离出的中深部重力异常［图 3-19（b）］可以看做是原始异常（图 3-17）的一种高次曲面拟合结果，异常整体上仍表现为西高东低的形式，在研究区中部的红木崖—石人镇出现了相对低异常圈闭，这很可能与中部地质体分布有关；浅部重力场［图 3-19（c）］异常走向明显，且异常特征与原始异常（图 3-17）和中深部重力异常［图 3-19（b）］差异性较大，且与地层分布（图 3-16）呈现出了较好的相关性，这表明了迭代法对不同深度上的重力场基本得到了较为彻底的分离。

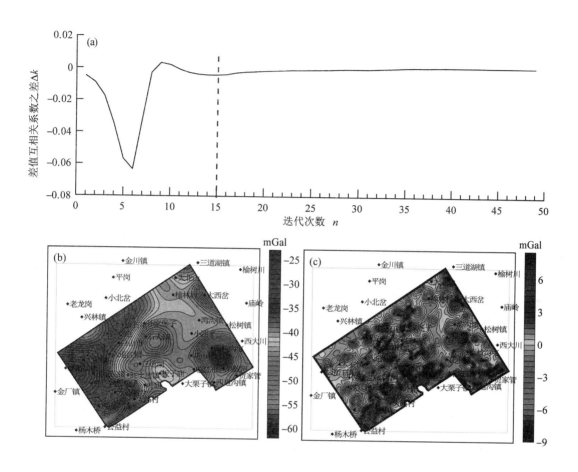

图 3-19　迭代法在鸭绿江盆地重力场上的浅部与中深部异常分离结果

（a）不同迭代次数的差值互相关系数之差；（b）中深部重力异常；（c）浅部重力异常

　　图 3-20 是迭代滤波法分离中部和深部重力异常的差值互相关系数曲线，可从曲线中直接确定最佳迭代次数为 10 次，得到的中、深两部分重力异常分别见图 3-20（b）（c）。中部重力异常的正异常圈闭区主要分布在六道沟—六道阳岔—板子庙—临江一带、小四平—湾沟镇—松树镇地区和二道江—大安镇—新立屯—板石镇一带，这些地区恰恰是基底的太古代（Ar）和元古代（Pt）岩石（图 3-16）出露区。而分离出的深部重力异常［图 3-20（c）］的异常特征与向上延拓分离出的区域异常特征大致相同，即可能反映的是莫霍面的起伏。

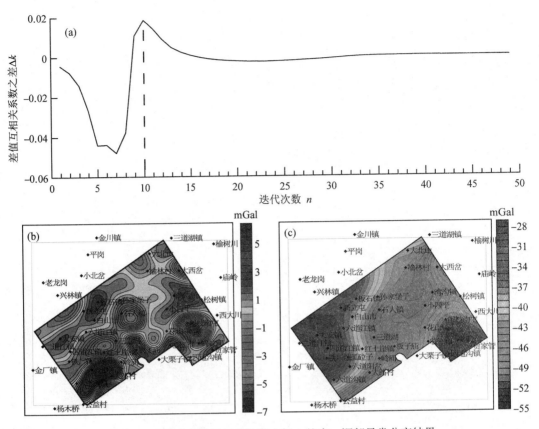

图 3-20 迭代法在鸭绿江盆地重力场上的中、深部异常分离结果
(a) 不同迭代次数的差值互相关系数之差；(b) 中部重力异常；(c) 深部重力异常

3.2.4 本节小结

为了解决位场分离不够彻底的问题，提出了迭代法进行场分离的思想与方案，该方法首先给出一个滤波因子使局部场中包含大量区域场信息，而区域场中基本不含局部异常，然后采用逐次剥离技术使局部场中的区域场信息逐渐减小，最终达到场分离的目的。模型试验表明了迭代法分离出的区域场与局部场更加接近真实值，而在鸭绿江盆地重力异常的应用中，采用迭代法分离出了浅、中、深三个深度上的重力场，其中浅、中、深部重力场与地质图中的不同类型岩石分布具有很好的对应关系，表明了迭代法在场分离上具有良好的实用性。

3.3 基于线性迭代法的密度界面反演方法

利用重力资料反演密度界面起伏是解译地质构造特征的一项重要任务，尤其是了解盆地基底及莫霍面深度变化的重要手段。目前比较常用的界面反演方法是 1974 年 Oldenburg 在 Parker 界面正演[235]基础上提出的一种迭代反演方法[236]，但该方法易受向

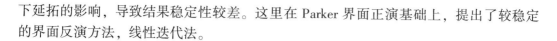

下延拓的影响，导致结果稳定性较差。这里在 Parker 界面正演基础上，提出了较稳定的界面反演方法，线性迭代法。

3.3.1 Parker-Oldenburg（PO 法）界面正、反演理论

1973 年，Parker 提出的常密度单一界面的正演公式[235]为：

$$F[\Delta g] = -2\pi G\Delta\rho e^{-\omega h_0}\sum_{m=1}^{\infty}\frac{(-\omega)^{m-1}}{m!}F[\Delta h^m] \qquad (3\text{-}22)$$

其中，G 为万有引力常数，$\Delta\rho$ 为界面上下密度差，ω 为圆频率，Δh 为界面起伏高度，Δg 则是界面起伏所引起的重力异常，F 代表 Fourier 变换。

1974 年，Oldenburg 在 Parker 法正演基础上，结合迭代模式给出了界面反演的迭代方法[236]：

$$F[\Delta h] = -\frac{e^{\omega h_0}F[\Delta g]}{2\pi G\Delta\rho} - \sum_{m=2}^{\infty}\frac{(-\omega)^{m-1}}{m!}F[\Delta h^m] \qquad (3\text{-}23)$$

其反演过程为：1）首先忽略（3-23）式右端的求和项，求出起伏深度 Δh 的初始值 Δh_0，即 $\Delta h_0 = F^{-1}[e^{\omega h_0}F[\Delta g]/(2\pi G\Delta\rho)]$；2）将初始值 Δh_0 代入到（3-22）式的正演公式中，得到初始波谱 $F[\Delta g_0]$，将原始异常波谱 $F[\Delta g]$ 减去初始波谱 $F[\Delta g_0]$ 作为一阶波谱差 $F[\delta g^{(1)}] = F[\Delta g - \Delta g_0]$；3）将一阶波谱差 $F[\delta g^{(1)}]$ 代入（3-23）式，按步骤1），求取 Δh 的一阶残差值 $\delta h^{(1)} = F^{-1}[e^{\omega h_0}F[\delta g^{(1)}]/(2\pi G\Delta\rho)]$；4）将 Δh 的一阶近似值 $\Delta h_1 = \Delta h_0 + \delta h^{(1)}$ 按步骤2）求得二阶波谱差，再按步骤③求得 Δh 的二阶残差值 $\delta h^{(2)}$，一直重复2）、3）步，即可得 Δh 的 n 阶近似值 $\Delta h_n = \Delta h_0 + \sum_{i=1}^{n}\delta h^{(n)}$，直到满足 $\max|\delta g^{(n)}| \leqslant \varepsilon$ 时终止迭代，其中 ε 是很小的正数。

上述迭代过程可以看出，该方法在每一步迭代过程均需要进行向下延拓计算，而向下延拓是一个显著的不适定问题，需要附加低通滤波器来解决这个问题，然而低通滤波器中的参数选取本身就是一个难题，且当原异常的信噪比较低及界面平均深度较大时，甚至附加低通滤波器也无法获得令人满意的延拓结果，这势必会影响界面反演的精度。

3.3.2 线性迭代界面反演的基本原理

假设地面某一点的重力异常 Δg 是由地表到 Δh_0 深度的一个无限大、密度为 $\Delta\rho$ 的物质层引起的，则有：

$$\Delta g = G\Delta\rho\int_{Y=-\infty}^{Y=+\infty}\int_{X=-\infty}^{X=+\infty}\int_{\zeta=0}^{\zeta=\Delta h_0}\frac{\zeta d\xi d\eta d\zeta}{[(X-\xi)^2+(Y-\eta)^2+\zeta^2]} = 2\pi G\Delta\rho\Delta h_0 \qquad (3\text{-}24)$$

那么对应的界面反演初始值 $\Delta h_0 = \Delta g/(2\pi G\Delta\rho)$ 与重力异常 Δg 是成线性相关。将 Δh_0 代入到正演公式（3-22）中，得到 Δh_0 对应的波谱 $F[\Delta g_0]$，反变换得 Δg_0，将异常 Δg 与 Δg_0 的差值作为一阶残差值 $\delta g^{(1)} = \Delta g - \Delta g_0$；同样假设 $\delta g^{(1)}$ 是由地表到 $\delta h^{(1)}$ 深度的无限大物质层引起的，则一阶校正值 $\delta h^{(1)} = \delta g^{(1)}/(2\pi G\Delta\rho)$，那么一阶近似值 $\Delta h_1 = \Delta h_0 + \delta h^{(1)}$；将界面起伏一阶近似值 Δh_1 代入到（3-22）式正演公式中，则得到对应

Δh_1 的波谱 $F[\Delta g_1]$，反变换得到 Δg_1，将剩余异常 Δg 减去 Δg_1 作为二阶残差值 $\delta g^{(2)} = \Delta g - \Delta g_1$；同样二阶校正值 $\delta h^{(1)} = \delta g^{(1)} / (2\pi G\Delta\rho)$ 及二阶近似值 $\Delta h_2 = \Delta h_1 + \delta h^{(2)}$。重复以上迭代过程，得 n 阶近似值 $\Delta h_n = \Delta h_{n-1} + \delta h^{(n)}$，直到满足 $\max|\delta h^{(n)}| \leqslant \varepsilon$ 时终止迭代，其中 ε 是很小的正数。

显然，上述提出的界面反演迭代过程中，每一次迭代均利用的是地表异常数据，并未进行向下延拓处理，因此可以避免向下延拓影响，保证算法稳定性。

3.3.3 模型检验

1. 二维模型

为了验证线性迭代法的正确性及稳定性，在此构造了一个正弦函数 $h(x) = 3 - \sin(\pi x/15)$，如图 3-21（b）所示，在起伏界面产生的重力异常中加入了 2% 的随机干扰 [图 3-21（a）]。设测线长 30 km，点距为 0.1 km，即界面平均深度 h_0 为 30 倍点距。为了说明迭代法具有较高的计算精度，在此与常规 Parker-Oldenburg 法（PO 法）的计算结果进行对比分析，需要指出的是，利用 Parker-Oldenburg 法反演界面时，向下延拓计算采用常用的正则化法。

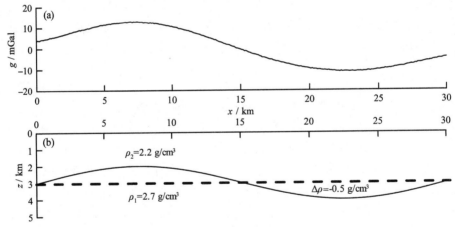

图 3-21 二维界面正演重力异常

（a）界面重力异常；（b）密度界面示意图

利用迭代误差与正则化参数关系曲线 [图 3-22（a）] 选取了最佳正则化参数 $\alpha = 0.07$，对应的计算结果如图 3-22（b）所示。可以看出，即使计算结果是误差最小的，但仍表现出了明显的波动性，这势必将影响到界面反演的精度。

图 3-23 给出了迭代次数 $n = 1$，2，3 时的 Parker-Oldenburg 法界面反演结果，易看出，该方法的反演结果稳定性较差，且随着迭代次数的增加，稳定性越差，虽然当迭代次数 $n = 1$ 时反演误差最小，但此时反演界面与理论值相差较大。

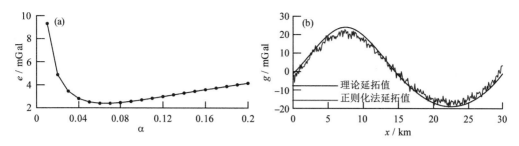

图 3-22　剖面重力异常的正则化下延结果

（a）误差随正则化参数的变化曲线；（b）正则化下延结果

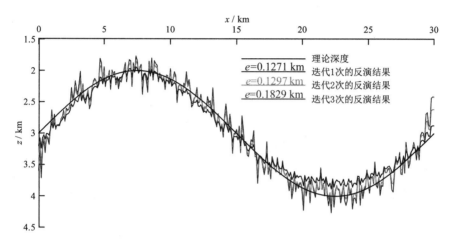

图 3-23　基于正则化滤波 PO 法的二维界面反演结果

图 3-24（a）是线性迭代算法的迭代误差与迭代次数关系曲线，迭代误差随着迭代次数的增加先迅速递减后缓慢递增。图 3-24（b）给出了迭代次数 $n = 3$，6，10 时三种情况的线性迭代法的界面反演结果，图中可以看出，当迭代次数较小（$n = 3$）时，反演得到的界面与真实界面之间存在较大的误差；当迭代次数选取适当（$n = 6$）时，反演界面不仅接近真值，而且计算结果的稳定性远高于基于正则化向下延拓的 PO 法；当迭代次数选取稍大（$n = 10$）时，反演界面仍与真值相差不大，只是结果表现出了波动性。即使这里选取了迭代次数 $n = 10$，其反演结果仍可接受，此时的迭代误差 0.0646 km 也远小于 PO 法的最小误差 0.1271 km。

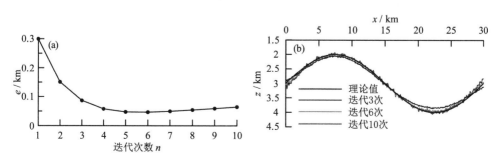

图 3-24　线性迭代法的二维界面反演结果

上述实验分析结果表明，当界面平均深度较大、地表异常含有随机干扰时，常规的 PO 法受向下延拓的不稳定性影响，反演结果稳定性差且计算精度低；线性迭代算法由于在迭代过程中并未进行诸如向下延拓等不稳定计算，因此计算结果受干扰影响程度只与原异常中的噪声含量有关，显然可以获得更高精度的反演深度。

2. 三维模型

选取的研究区网格化参数为：线数 41 条，每条线上的点数均为 41 个，线距和点距均为 0.5 km；构造的界面平均深度 h_0 为 2 km，界面起伏函数 $\Delta h(x, y) = -0.25\left[\sin(\dfrac{\pi x}{5}) + \cos(\dfrac{\pi y}{10})\right]$，界面平面等值线见图 3-25（a），起伏界面引起的重力异常如图 3-25（b）所示。从 3-25（a）可以看出，设定的模型类似于四个"隆起"和两个"凹陷"（即研究区界面起伏变化较大）。

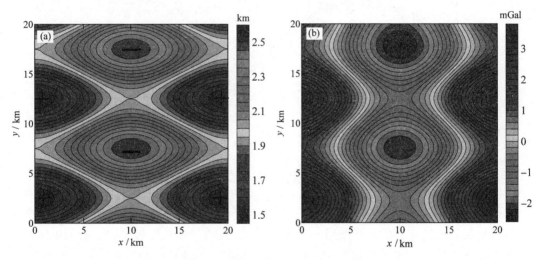

图 3-25　三维密度界面正演重力异常

（a）三维界面起伏深度；（b）界面起伏引起的重力异常

图 3-26（a）是正则化法向下延拓的正则化参数与均方误差关系图，利用该图选取了 $\alpha = 0.01$ 作为最佳参数（对应的误差最小）。根据界面起伏的迭代误差与迭代次数的关系［图 3-26（b）］选取了最佳迭代次数（$n = 2$），图 3-27 给出了迭代误差最小时的 PO 法界面反演结果及其与理论值的误差。从图 3-26（b）中可以看出，界面迭代误差随着迭代次数的增加先急速减小后迅速递增，而在实际资料处理中可能选取的迭代次数并非最佳（多选一次或少选一次都是很有可能的），会使得计算得到的起伏界面与理论界面误差更大。从反演的界面深度［图 3-27（a）］可以看出，PO 界面反演结果与理论值［图 3-25（a）］在整体上比较接近的，且计算结果也具备一定的稳定性，但在研究区的边部出现了明显的"畸变"（尤其在"隆起"区）。从差值图［图 3-27（b）］可知，PO 法界面反演结果在研究区的中心区域误差在 -0.01~0 km 之间，但在局部区域误差高达 0.1 km（界面最大起伏为 0.5 km）。

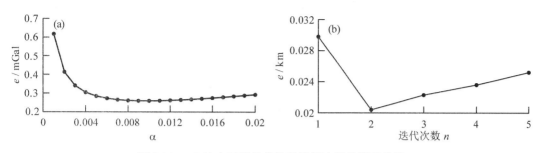

图 3-26　PO 法中正则化参数及迭代次数的误差曲线

（a）正则化参数曲线；（b）反演界面的迭代误差曲线

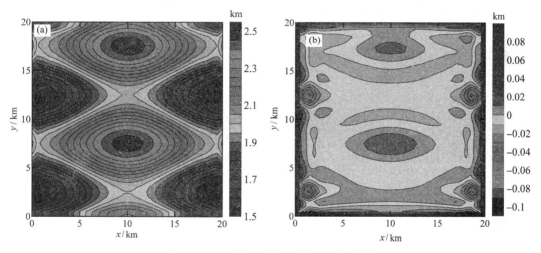

图 3-27　PO 法的三维密度界面反演结果

（a）反演的界面起伏深度；（b）理论界面深度与反演界面深度的差值

图 3-28（a）（b）分别是稳定迭代算法最大校正量 $\max|\delta h^{(n)}|$ 及迭代误差 e 与迭代次数的关系曲线（这里给定终止迭代条件为 $\varepsilon = \max|\delta h^{(n)}| = 0.001\ \mathrm{km}$）。从图 3-28 可以看出，随着迭代次数的增加，$\max|\delta h^{(n)}|$ 和迭代误差 e 均是先迅速递减后缓慢减小，这说明了线性迭代法具有一定的收敛性，且当迭代次数达到一定时，迭代次数选取对迭代误差影响要远小于 PO 法的。从线性迭代法的界面反演结果 ［图 3-29（a）］可以看出，反演结果在数值上和形态上均与理论值［图 3-25（a）］吻合较好，并未出现类似 PO 法反演中的"畸变"现象；从差值图［图 3-29（b）］中看出，线性迭代法反演的界面在大部分数据点上，误差均在 -0.005~0.005 km，其均方误差为 0.013 km，小于 Parker-Oldenburg 法的 0.020 km。

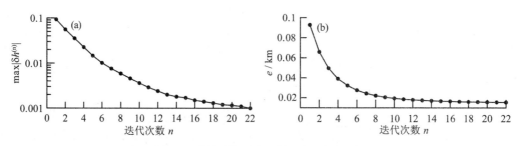

图 3-28　线性迭代法中迭代次数的误差曲线

（a）相邻迭代次数反演的界面深度之差最大值与迭代次数关系曲线；（b）反演界面的迭代误差曲线

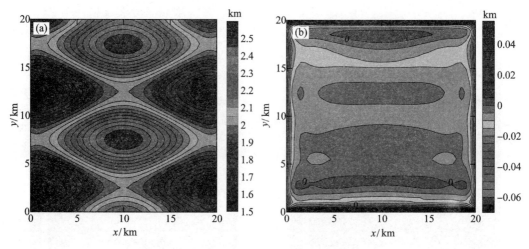

图 3-29　线性迭代法的三维密度界面反演结果

（a）反演的界面起伏深度；（b）理论界面与反演界面的深度差

该模型试验表明，线性迭代法相对于 PO 法具有对迭代次数依赖性弱，稳定性强和计算精度高的优点。

3.3.4　本节小结

常用 PO 界面反演方法受向下延拓不适定问题的影响，导致反演结果存在稳定性差、局部畸变及精度低的问题，针对此，本节提出了线性迭代的界面反演方法，该方法不仅不需要进行不稳定的向下延拓计算，而且计算更加简便。模型试验表明，相对于基于正则化延拓的 PO 界面反演方法，线性迭代法具有稳定性强、计算精度高、反演畸变程度低及对迭代次数依赖小等优点。

第4章　位场场源边界识别方法

应用位场数据识别地质体边界是地质解释的一项重要工作，是进行大地构造划分、地质填图、矿产圈定等方面的重要解释依据。位场中包含有场源边界的信息，但边界信息的提取需要进行相关的数据处理。针对多数方法存在易受噪声干扰影响、边界识别精度低、边界识别分辨率低或产生虚假的边界信息等缺点，本章提出了归一化均方差比法、归一化差分法、垂向梯度最佳自比值法、改进小子域滤波及改进 Tilt 梯度法等多种边界方法，这些方法在抗噪方面和识别精度方面具有一定的优势。

4.1　归一化均方差比法

该方法针对边界点异常方向性和均方差衡量数据波动性提出的，对全区数据点四个方向的均方差进行归一化后选择各个数据点均方差比的最大值作为滤波输出而实现的。另外，为了进一步增强边界异常，对归一化均方差比还进行垂向梯度与总梯度比值计算。

4.1.1　基本原理

1. 理论分析

如图 4-1 所示，将窗口（5×5）分解成以中心点为中心的四个子域，每个子域可以检测不同角度的异常变化（如图 4-1 中虚线所夹的角度）。首先计算出数据点的四个方向的均方差，然后滑动到下一点，再计算出各个方向的均方差，直至完成全区内所有点的计算。由于全区不同方向均方差变化范围可能存在较大的差异性（例如全区 x 方向均方差变化幅度是 y 方向均方差的 2 倍（或 2 倍以上），那么直接对每个数据点通过四个方向均方差进行检测时，y 方向的边界可能未被检测出），故需对不同方向均方差进行归一化处理，使各个方向的均方差浮动均在同一范围内，然后利用各点不同方向的均方差比（归一化后的均方差）进行衡量，以均方差比的最大值为滤波输出，最后对输出的均方差比进行导数换算，采用归一化形式进行边界增强处理。

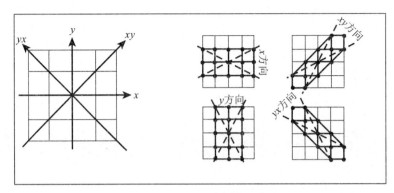

图 4-1　四方向子域剖分示意图

2. 合理性分析

（1）全方位检测：每个子域可以检测出一定角度内的异常变化特征，四个方向便可以检测出中心点全方位异常的变化；

（2）归一化处理：由于全区不同方向的均方差变化不一，再进行滤波输出前对不同方向的均方差进行归一化是必要的；

（3）波动性分析：均方差是衡量一定大小窗口内数据局部变异性的一种有效手段。当数据比较平滑时，各个方向的均方差比均较小，同样输出的滤波值也较小；而当数据变化较大时，各个方向的均方差比就较大，那么通过全区内均方差比等值线极大值的圈闭形状及走向即可勾画出地质体的边界或断裂的位置，从而达到边界检测的目的。

3. 计算流程

（1）在每一个子域中分别计算出异常的均值 Δf_i 及均方差 σ_i，即：

$$\Delta f_i = \frac{\sum\limits_{j=1}^{N_i} f_i(j)}{N_i} \tag{4-1}$$

$$\sigma_i = \sqrt{\frac{\sum\limits_{j=1}^{N_i} \left(f_i(j) - \Delta f_i\right)^2}{N_i}} \tag{4-2}$$

其中，i 代表四个方向中的某一方向；N_i 和 $f_i(j)$ 分别是第 i 个子域的总计算点数和第 i 个子域第 j 个点的异常值；

（2）窗口滑动到下一点，计算出四个方向的均方差，依次进行，直至完成全部数据点。

（3）对均方差 $\sigma_i(x, y)$ 进行归一化处理：

$$\sigma'_i(x, y) = \sigma_i(x, y) - \sigma_i(x, y)_{\min} \tag{4-3}$$

对全区 $\sigma_i(x, y)$ 同时减去一个定数除了数值大小外，不改变其他特征。

$$\sigma''_i(x, y) = \sigma'_i(x, y) / \sigma'_i(x, y)_{\max} \tag{4-4}$$

对全区 $\sigma'_i(x, y)$ 同时除以一个定数除了数值大小外，同样不改变其他特征。在此，定

义 $\sigma''_i(x, y)$ 为均方差比，那么全区四个方向的均方差比变化均归一化到 0 到 1 之间。

（4）确定每个数据点四个方向中 $\sigma''_i(x, y)$ 最大值进行输出：

$$\mathrm{MSER} = \varPhi(x, y) = \sigma''_{i\max}(x, y) \tag{4-5}$$

（5）计算均方差比的垂向梯度与总梯度的比值，即归一化均方差比：

$$\mathrm{NVD} - \mathrm{MSER} = \dfrac{\dfrac{\partial \varPhi}{\partial z}}{\sqrt{\left(\dfrac{\partial \varPhi}{\partial x}\right)^2 + \left(\dfrac{\partial \varPhi}{\partial y}\right)^2 + \left(\dfrac{\partial \varPhi}{\partial z}\right)^2}} \tag{4-6}$$

4.1.2　模型试验

为了验证归一化均方差比法的边界识别能力和计算稳定性，采用六个不同参数的长方体叠加的复合模型进行检验。设 x，y 方向长度均为 20 km，网格大小为 0.1 km× 0.1 km。组合模型体的各模型参数见图 4-2（a），六个长方体的剩余密度均为 1.0 g/cm³。依据以上模型参数，利用长方体的重力异常计算公式，可获得复合模型的理论重力异常 ［图 4-2（b）］，图 4-2（c）是理论重力异常加入 1% 随机干扰的结果。

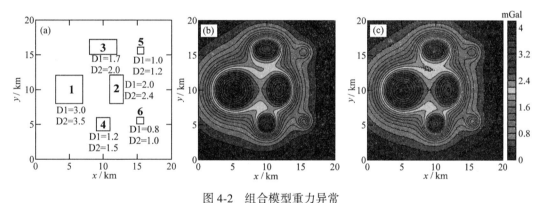

图 4-2　组合模型重力异常

（a）模型示意图；（b）理论重力异常；（c）含 1% 噪声的重力异常

图 4-3 和图 4-4 分别是利用不同边界识别方法对图 4-2（b）（c）的计算结果。可以看出，水平总梯度法 ［图 4-3（a）］ 对边界有一定的识别能力，且检测出的边界位置与实际模型体边界偏差不大，但边界异常特征模糊，且反映出的边界存在明显缺失；当原异常中含有噪声干扰时，该方法识别地质体边界的异常特征 ［图 4-4（a）］ 更加模糊。Tilt angle ［图 4-3（b）］ 较好地平衡了不同深度、不同规模的地质体，但该方法不易直接用于边界识别中，其零值线与实际地质体边界偏差较大，且易受干扰影响 ［图 4-4（b）］。Theta map ［图 4-3（c）］ 虽然可以较好的检测出地质体边界的大致轮廓，但通过异常极值识别出的边界位置与实际模型体的边界偏差较大；同时，由于干扰的影响，Theta map ［图 4-4（c）］ 的边界异常极为模糊，几乎无法反映出地质体的边界。导数归一化标准差 ［图 4-3（d）］ 可以较好地显示出所有地质体的边界，且反映出的边界位置与实际边界吻合较好，但在测区边界存在虚假信息，另外该方法受干扰影响严重，导致含噪声时的结果 ［图 4-4（d）］ 无法反映出任何地质体边界。

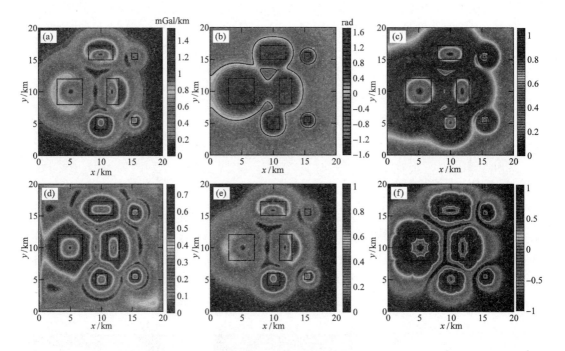

图 4-3　不同边界识别方法对无噪重力异常的处理结果

（a）水平总梯度；（b）Tilt angle；（c）Theta map；（d）导数归一化标准差；（e）均方差比；（f）归一化均方差比

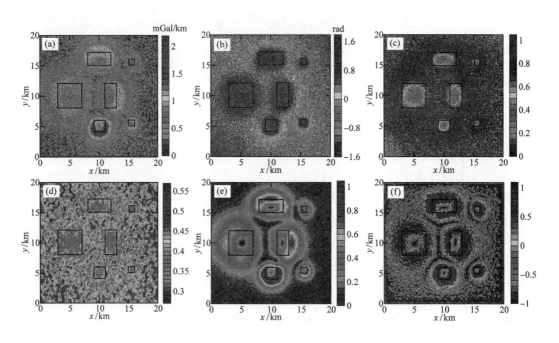

图 4-4　不同边界识别方法对含噪重力异常的处理结果

（a）水平总梯度；（b）Tilt angle；（c）Theta map；（d）导数归一化标准差；（e）均方差比；（f）归一化均方差比

均方差比［图 4-3（e）］所显示出的场源边界与实际地质体边界位置吻合较好，但识别结果在一些地质体边界上显示模糊，含噪声异常的均方差比［图 4-4（e）］受干扰影响较小，识别特征与无噪声时基本一致；归一化均方差比［图 4-3（f）］弥补了均方差比的缺点，可以清晰地检测出复合模型体的所有边界，虽然噪声干扰对该方法有一定的影响［图 4-4（f）］，但仍可清晰有效地识别出所有地质体的边界。

以上模型分析结果表明，归一化均方差比法相对常规边界方法具有边界识别能力强及稳定性强的优点。

4.1.3　实例应用

为了检验本文方法的实用性，选取了黑龙江省虎林盆地布格重力异常数据进行试验。虎林盆地位于那丹哈达岭燕山褶皱带和吉黑华力西褶皱带的交接处，是在构造复杂的环境中形成的中新生代坳陷带，其内部次级构造发育[237]，是大庆油田外围东带油气勘探的重点地区之一[238-241]。原始布格异常等值线图［图 4-5（a）］可以看出，该地区重力异常等值线较为复杂，不仅有延伸较长的异常梯度带、大型重力高、低异常圈闭，也存在着异常等值线扭曲，次一级重力高、低异常的独立圈闭。均方差比法［图 4-5（b）］主要反映的是重力异常中的大型重力梯度带，尤其是敦密断裂（虚线）的南支，对其他边界信息反映较为模糊；归一化均方差比法［图 4-5（c）］则有效地均衡了不同强度的边界信息，突出了均方差结果［图 4-5（b）］中的弱信号，更有利于边界位置的精确定位与延伸方向的追踪。

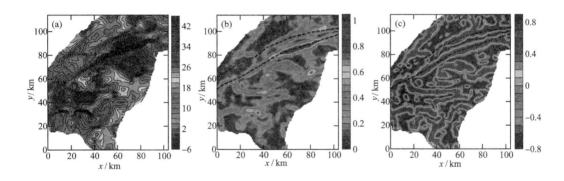

图 4-5　归一化均方差比法在虎林盆地重力异常中的处理结果
（a）虎林盆地重力异常；（b）均方差比；（c）归一化均方差比

4.1.4　本节小结

结合数理统计法和导数分析法，首先采用了四方向子域的均方差计算，然后在进行全区范围内的归一化处理，最后再进行了垂向梯度与总梯度的比值运算，从而实现了边界识别与边界增强的目的。模型试验对比分析揭示了归一化均方差比法具有计算稳定性强、边界定位精度高和识别边界连续性强的优点。

4.2 归一化差分法

该方法是根据 x、y、z 三个方向差分在场源边界上的异常特征，首先对 x、y 方向的奇数阶差分进行 90° 相移，然后再利用总差分归一化垂向差分以异常梯度带突出边界位置。

4.2.1 基本原理

为了方便叙述归一化差分法的原理，以一个单一长方体模型的重力异常为辅助，模型体参数为：边长 2 km；上顶埋深 0.8 km，下底埋深 1.0 km；剩余密度 1.0 g/cm³；中心水平位置坐标（5 km，5 km）；网格参数为：线数 101 条，每条线点数 101 个，点距和线距均为 0.1 km。图 4-6 是一阶差分示意图，图 4-7（a）是模型位置示意图，图 4-7（b）则是模型重力异常，可以看出，虽然重力异常在模型体的边界位置表现为梯级带形式，但梯级带范围较宽，难以精确确定模型体边界位置。

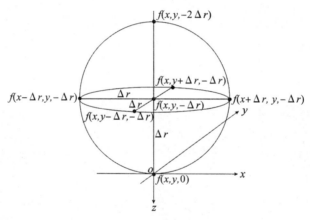

图 4-6　一阶差分示意图

1. 一阶归一化差分

如图 4-6 所示，Δr 为差分半径（$\Delta r > 0$），$f(x, y, 0)$ 为观测面上的位场异常；$f(x, y, -\Delta r)$ 和 $f(x, y, -2\Delta r)$ 为 $f(x, y, 0)$ 分别向上延拓 Δr 和 $2\Delta r$ 后的异常；$f(x +\Delta r, y, -\Delta r)$、$f(x -\Delta r, y, -\Delta r)$ 分别是 x 方向距 $f(x, y, -\Delta r)$ 相隔 Δr 和 $-\Delta r$ 的异常值；$f(x, y +\Delta r, -\Delta r)$、$f(x, y -\Delta r, -\Delta r)$ 则分别为 y 方向距 $f(x, y, -\Delta r)$ 相隔 Δr 和 $-\Delta r$ 的异常值。在此定义位场异常数据 $f(i, j, 0)$ 在 x、y、z 三个方向的一阶差分算子为：

x 方向：　　$f_{x(1)}(i, j) = f(i +\Delta r, j, -\Delta r) - f(i -\Delta r, j, -\Delta r)$ 　　　(4-7)

y 方向：　　$f_{y(1)}(i, j) = f(i, j +\Delta r, -\Delta r) - f(i, j -\Delta r, -\Delta r)$ 　　　(4-8)

z 方向：　　$f_{z(1)}(i, j) = f(i, j, 0) - f(i, j, -2\Delta r)$ 　　　(4-9)

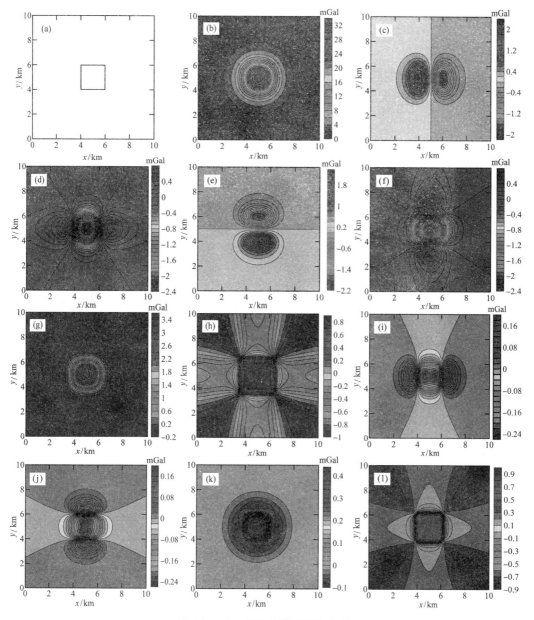

图 4-7 单一长方体模型理论分析

（a）模型示意图；（b）重力异常；（c）x 方向一阶差分；（d）x 方向相移一阶差分；（e）y 方向一阶差分；
（f）y 方向相移一阶差分；（g）z 方向一阶差分；（h）一阶归一化差分；（i）x 方向二阶差分；
（j）y 方向二阶差分；（k）z 方向二阶差分；（l）二阶归一化差分

如图 4-7（c）（e）所示，通过水平方向一阶差分计算后，$f_{x(1)}$ 和 $f_{y(1)}$ 在边界位置主要表现为极值的连线，由于选择等值线极值圈闭范围直接影响到边界位置及边界走向长度的判定，因此这种表现形式影响了边界划分的可靠性与准确性。在此对 $f_{x(1)}$ 和 $f_{y(1)}$ 进行 90°相移，其目的就是将表现边界位置的异常极值圈闭模式转换为连续性较强的梯级带模式〔图 4-7（d）（f）〕，以提高对边界识别的精度；而垂向一阶差分算子 $f_{z(1)}$

[图 4-7（g）] 突出的是异常梯级带，因此无须转换。

图 4-7（d）（f）（g）中可以看出，经过相移的水平一阶差分和垂向一阶差分相对于重力异常 [图 4-7（b）]，明显在相应的方向上紧缩了梯级带，但对模型体的边界位置识别仍较模糊。为此利用垂向差分和两个相移后的水平差分进行归一化处理，以便进一步增强异常间的界限特征：

$$ND_1 = f_{z(1)}/A_1 \qquad (4\text{-}10)$$

其中，ND_1 为一阶归一化差分；一阶总差分 $A_1 = \sqrt{f_{ix(1)}^2 + f_{iy(1)}^2 + f_{z(1)}^2}$；$f_{ix(1)}$ 和 $f_{iy(1)}$ 分别是 $f_{x(1)}$ 和 $f_{y(1)}$ 进行90°相移后的异常，即：$f_{ix(1)} = F^{-1}[\mathrm{i} \cdot F[f_{x(1)}]]$，$f_{iy(1)} = F^{-1}[\mathrm{i} \cdot F[f_{y(1)}]]$，i 为虚数。

图 4-7（h）易看出，一阶归一化差分 ND_1 相对 $f_{z(1)}$，异常的梯级带更加紧缩，等值线密集带更能充分地体现出模型体的基本形状及边界大致位置，但所识别出的边界与实际模型体边界存在着偏差，因此进行更高阶的差分计算以便提高边界定位精度是必要的。

2. 二阶归一化差分法

仿照一阶差分算子的定义，位场数据 $f(i, j, 0)$ 在 x、y、z 三个方向的二阶差分算子可表示为：

x 方向：

$$f_{x(2)}(i, j) = f_{x(1)}(i + \Delta r, j, -\Delta r) - f_{x(1)}(i - \Delta r, j, -\Delta r)$$
$$= f(i + 2\Delta r, j, -2\Delta r) + f(i - 2\Delta r, j, -2\Delta r) - 2f(i, j, -2\Delta r) \qquad (4\text{-}11)$$

y 方向：

$$f_{y(2)}(i, j) = f_{y(1)}(i, j + \Delta r, -\Delta r) - f_{y(1)}(i, j + \Delta r, -\Delta r)$$
$$= f(i, j + 2\Delta r, -2\Delta r) + f(i, j - 2\Delta r, -2\Delta r) - 2f(i, j, -2\Delta r) \qquad (4\text{-}12)$$

z 方向：

$$f_{z(2)}(i, j, 0) = f_{z(1)}(i, j, 0) - f_{z(1)}(i, j, -2\Delta r)$$
$$= f(i, j, 0) + f(i, j, -4\Delta r) - 2f(i, j, -2\Delta r) \qquad (4\text{-}13)$$

从图 4-7（i）（j）可以看出，二阶水平差分 $f_{x(2)}$ 和 $f_{y(2)}$ 在模型体边界位置均表现为梯级带形式，无须进行相移处理，故二阶总差分 A_2 及二阶归一化差分 ND_2 可以表示为：

$$A_2 = \sqrt{f_{x(2)}^2 + f_{y(2)}^2 + f_{z(2)}^2}, \quad ND_2 = f_{z(2)}/A_2 \qquad (4\text{-}14)$$

二阶归一化差分 [图 4-7（1）] 中异常梯级带不仅模拟出了模型体边界的基本形状，而且检测到的边界与实际模型体边界位置具有较好的一致性。

3. n 阶归一化差分

为了进一步提高地质体边界水平位置的识别能力，可以对二阶差分再进行差分或进行多次差分，然而重力异常的二阶归一化差分结果已取得了较满意的效果 [如图 4-7（k）]，因此本文在此仅给出了 n 阶（$n>2$）归一化差分表达式，不再进行进一步的模型验证。

位场数据 $f(i, j, 0)$ 在 x、y、z 三个方向的 n 阶差分算子及 n 阶归一化差分 ND_n 可表示为：

x 方向：

$$f_{x(n)}(i, j) = f_{x(n-1)}(i + \Delta r, j, -\Delta r) - f_{x(n-1)}(i - \Delta r, j, -\Delta r) \tag{4-15}$$

y 方向：

$$f_{y(n)}(i, j) = f_{y(n-1)}(i + \Delta r, j, -\Delta r) - f_{y(n-1)}(i - \Delta r, j, -\Delta r) \tag{4-16}$$

z 方向：

$$f_{z(n)}(i, j) = f_{z(n-1)}(i, j, 0) - f_{z(n-1)}(i, j, -2\Delta r) \tag{4-17}$$

ND_n：

$$ND_n = f_{z(n)}/A_n \tag{4-18}$$

其中，n 阶总差分：

$$A_n = \begin{cases} \sqrt{f_{ix(n)}^2 + f_{iy(n)}^2 + f_{z(n)}^2} & n \text{ 为奇数} \\ \sqrt{f_{x(n)}^2 + f_{y(n)}^2 + f_{z(n)}^2} & n \text{ 为偶数} \end{cases} \tag{4-19}$$

$f_{ix(n)}$ 和 $f_{iy(n)}$ 分别是 $f_{x(n)}$ 和 $f_{y(n)}$ 进行 90° 相移后的异常，即：$f_{ix(n)} = F^{-1}[i \cdot F[f_{x(n)}]]$，$f_{iy(n)} = F^{-1}[i \cdot F[f_{y(n)}]]$。

4.2.2　模型对比试验

为进一步验证本文方法的优越性，在此做了组合模型数值试验，并对几种常规边界识别方法和归一化差分法进行了边界识别能力对比及算法稳定性分析。设计的组合模型共 7 个参数不同的长方体，模型体的相对位置及各个模型体的参数分别见图 4-8（a）（F_1 为地质体 A 在研究区的边界）及表 4-1，且设所有地质体剩余密度均为 1.0 g/cm³，同时设定计算网格为 0.1 km×0.1 km。

表 4-1　模型参数

地质体编号	上顶/下底埋深/km	x/y 方向长度/km	质心平面坐标 (x, y) /km
A	2.5/5.0	7.0/30.0	(21.5, 10.0)
1	2.5/3.0	5.0/6.0	(5.0, 10)
2	1.7/2.0	4.0/2.0	(10.0, 16.0)
3	2.0/2.4	2.0/4.0	(12.0, 10.0)
4	1.2/1.5	2.0/2.0	(10.0, 5.0)
5	0.8/1.0	1.0/1.0	(15.5, 5.5)
6	0.5/0.6	1.0/1.0	(15.5, 15.5)

从重力异常［图 4-8（b）］可以看出，地质体 A 和地质体 1 由于埋深大，异常梯度平缓，边界位置不易确定，地质体 2、3、4 受叠加异常的影响，其边界位置在异常图中表现为等值线同形扭曲，边界确定难度较大，而地质体 5、6 受地质体 A 的异常影响较大，图中几乎无法识别出场源异常。

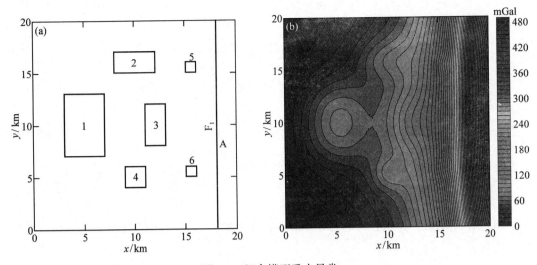

图 4-8　组合模型重力异常

（a）组合模型平面位置；（b）加 0.1% 随机干扰的重力异常

　　不同方法的边界识别结果（图 4-9）可以看出：水平总梯度模 [图 4-9（a）] 将 F_1 较好地反映出来，对地质体 1~4 的边界反映相对模糊，且反映出的边界有明显的缺失现象，同时受异常叠加的影响，地质体 5、6 边界在水平总梯度图中几乎无显示；斜导数 [图 4-9（b）] 零值线可以大致反映出 F_1 的位置，由于受随机噪声的影响，斜导数对地质体 1~4 的边界反映模糊，边界位置不易确定，且地质体 5、6 几乎无有效信息反映；Theta 图 [图 4-9（c）] 的极大值圈闭可以较好地反映出地质体 1、2、4 的边界，而对 F_1 来言，Theta 图所识别出的边界与实际位置偏差较大，此外受异常叠加影响，Theta 图在地质体 3、5、6 边界几乎无法通过异常极值圈闭特征来识别；导数归一化标准差 [图 4-9（d）] 受噪声干扰影响大，该方法仅能模糊地反映出 F_1 及地质体 5、6 的部分边界外，在其他地质体边界处几乎无信息反映；半径较小的二阶归一化差分 [图 4-9（e）] 虽然受随机干扰影响严重，但是仍可以通过异常界限特征有效识别出所有地质体的边界；半径相对较大的二阶归一化差分 [图 4-9（f）] 受噪声影响较小，异常梯级带除了对地质体 1~6 边界有相对平缓的显示外，其等值线密集带可以较好地将 F_1 反映出来。

4.2.3　实例应用

　　这里仍选用黑龙江虎林盆地布格重力异常进行试验，图 4-10 为点距和线距均为 1 km 的盆地内布格重力异常，从图中可以看出，该地区重力异常等值线分布较为复杂，反映断层平面展布的重力场标志不仅表现为大、小型重力异常梯级带特征，而且表现为封闭等值线突然变宽或变窄以及等值线扭曲等非梯级带特征。

　　为了验证归一化差分法的实用性，对虎林盆地布格重力异常分别进行了不同差分半径下的一、二阶归一化差分处理。

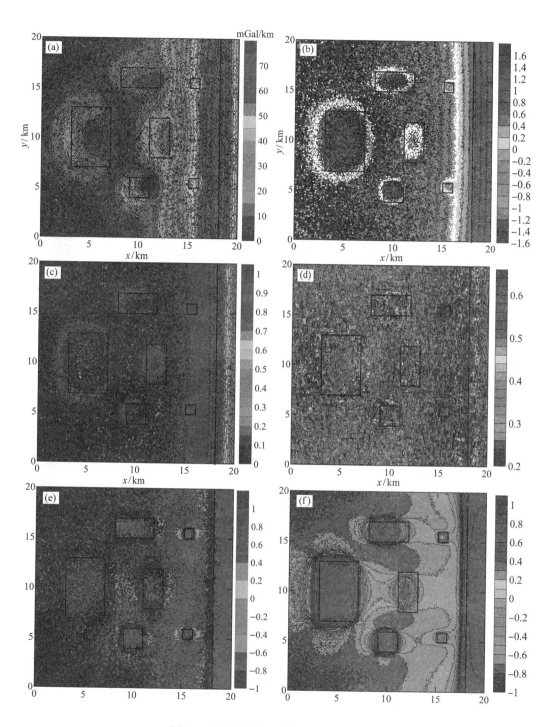

图 4-9　不同边界识别方法的处理结果

（a）水平总梯度；（b）斜导数；（c）Theta 图；（d）归一化标准差；

（e）（f）分别是差分半径为 1 倍和 5 倍点距的二阶归一化差分

1. 一阶归一化差分结果分析

差分半径较大时的一阶归一化差分结果［图 4-11（a）］与布格重力异常（图 4-10）相比，明显地紧缩了大型重力异常梯级带的宽度，主要反映出了虎林盆地内大、中型断裂构造（主要为盆地内一、二级分区断裂，在重力场中主要以梯级带形式表现）的平面展布特征。其所反映的断裂走向主要以 NE 向和 EW 向为主（与图 4-10 表现的大型梯级带走向相同）；差分半径较小时的一阶归一化差分结果［图 4-11（b）］与图 4-11（a）相比，所表现构造断裂的梯级带形式基本一致，同样主要反映研究区内大、中型断裂的平面分布位置，对盆地内的小型断裂识别能力较弱。为此，利用二阶归一化差分进一步检测全区断裂带平面分布的精细结构。

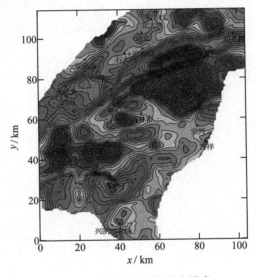

图 4-10　虎林盆地布格重力异常

2. 二阶归一化差分结果分析

图 4-12（a）是差分半径较大时的二阶归一化差分结果，与图 4-11 相比，进一步紧缩了大型异常梯级带的宽度，提高了对大、中型断裂平面位置的检测精度；图 4-12（b）为差分半径较小时的二阶归一化差分结果，与一阶归一化差分和差分半径较大时的二阶归一化差分相比，不但有效地检测出了研究区大中型断裂的平面分布位置，而且对小型断裂也有清晰的显示，这有利于对盆地内各级构造单元的精细划分。

3. 虎林盆地平面断裂构造格架及重力场特征

图 4-13 是根据一、二阶归一化差分结果勾画出的盆地内断裂构造的基本格架。其中 $F_1 \sim F_{11}$ 是利用图 4-11 及图 4-12（a）勾勒的大、中型断裂构造；$f_{12} \sim f_{28}$ 是利用图 4-12（b）勾勒出的小型断裂，这些断裂的构造走向主要以 EW、NE 和 NEE 向为主。其中 F_3 和 F_4 为敦密断裂的两个分支，在重力场中表现为大型的重力梯级带；此外 F_1、$F_5 \sim F_8$、$F_{10} \sim F_{11}$ 以及 f_{18} 和 f_{19} 同样在重力场中以梯级带形式表现；剩余的断裂（主要是小型断裂）在重力场中则主要表现为等值线同形扭曲或圈闭等值线突然变宽或变窄。

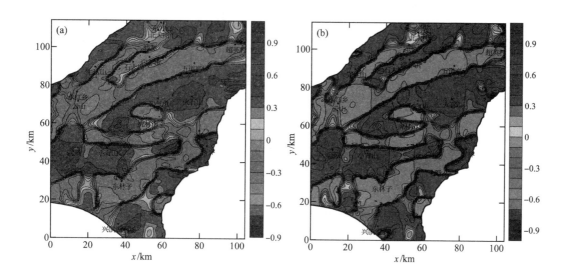

图 4-11　虎林盆地布格重力异常一阶归一化差分
（a）差分半径 5 km；（b）差分半径 1 km

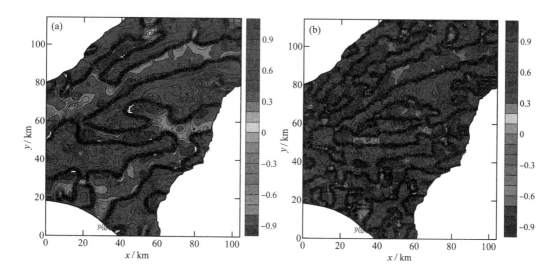

图 4-12　虎林盆地布格重力异常二阶归一化差分
（a）差分半径 5 km；（b）差分半径 1 km

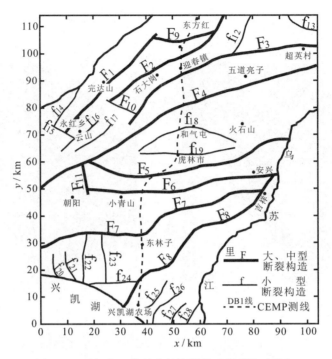

图 4-13　基于归一化差分的虎林盆地断裂构造格架

图 4-14 为 DB1 线 CEMP 剖面二维反演电阻率断面图，根据断面电阻率的分布特征，可确定 $F_2 \sim F_9$ 这 8 条大、中性断裂以及小型断裂 f_{18} 和 f_{19} 的存在性，且这 10 条断裂与图 4-13 中刻画的相关断裂在平面位置上一一对应。

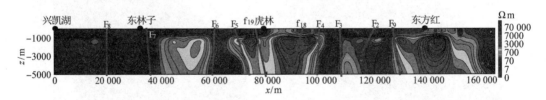

图 4-14　虎林盆地 DB1 线 MT 电阻率断面解译图

4.2.4　本节小结

依据差分法和地质体边界在位场异常中标志之间的理论关系，给出了突出边界特征的三方向 n 阶差分表达式，同时采用归一化形式对异常梯级带进行进一步紧缩来达到精细检测边界位置的目的。在实际应用中，选择不同的差分半径可以识别出不同级别的断裂构造，这有利于对断裂构造带平面位置的精确厘定和盆地内各级构造单元的精细划分。归一化差分法的提出，可为利用位场数据精确定位地质体边界（或断裂构造）的平面位置及精细划分盆地构造单元提供一种新的研究思路。

4.3　垂向梯度最佳自比值法

该方法是垂向导数的梯度带与场源边界关系基础上提出的，首先定义了自比值的概念，然后对垂向梯度进行自比值计算，再利用相关系数确定出最佳自比值数和最佳计算窗口，最后利用最佳窗口、最佳自比值下的计算结果进行场源边界识别与解释工作。

4.3.1　方法原理

在利用位场数据进行场源边界识别中，基于导数换算的梯度算法是最常用的一类方法，导数的阶次越高，对异常源的边界识别能力和定位精度就越强，然而导数计算易受噪声干扰影响，且导数阶次越高，噪声影响越为严重，故目前边界识别的梯度算法主要停留在一阶导数分析上，这事实上不利于异常源边界的精细检测。基于此，提出了一种可以处理垂向高阶导数的自比值法。

1. 自比值的定义

对于位场数据 $f(i, j)$，设其垂向 m 阶导数为 $f_z^{(m)}$，那么 $f_z^{(m)}$ 的一阶自比值 κ 可定义为：

$$\kappa_{z(m)}^{(1)}(i, j) = \frac{\sum\limits_{s=-(\frac{D-1}{2})}^{s=\frac{D-1}{2}} \sum\limits_{t=-(\frac{D-1}{2})}^{t=\frac{D-1}{2}} f_z^{(m)}(i+s, j+t)}{D\sqrt{\sum\limits_{s=-(\frac{D-1}{2})}^{s=\frac{D-1}{2}} \sum\limits_{t=-(\frac{D-1}{2})}^{t=\frac{D-1}{2}} [f_z^{(m)}(i+s, j+t)]^2}} \tag{4-20}$$

其中，(i, j) 为数据平面坐标点位，D 为计算窗口长度。由（4-20）式可以看出，自比值 $\kappa_{z(m)}^{(1)}$ 是数据 $f_z^{(m)}$ 窗口平均化处理结果，因此对随机噪声具有一定程度上的消除能力。然而当所需导数阶次较高或原始异常 f 中噪声含量较大时，一阶自比值 $\kappa_{z(m)}^{(1)}$ 消除噪声的能力往往是有限的，因此需要更高阶数自比值来进一步消除噪声影响，而 $f_z^{(m)}$ 的高阶自比值 $\kappa_{z(m)}^{(n)}$ 可由 $\kappa_{z(m)}^{(1)}$ 递推得到：

$$\kappa_{z(m)}^{(n)}(i, j) = \frac{\sum\limits_{s=-(\frac{D-1}{2})}^{s=\frac{D-1}{2}} \sum\limits_{t=-(\frac{D-1}{2})}^{t=\frac{D-1}{2}} \kappa_{z(m)}^{(n-1)}(i+s, j+t)}{D\sqrt{\sum\limits_{s=-(\frac{D-1}{2})}^{s=\frac{D-1}{2}} \sum\limits_{t=-(\frac{D-1}{2})}^{t=\frac{D-1}{2}} [\kappa_{z(m)}^{(n-1)}(i+s, j+t)]^2}} \tag{4-21}$$

2. 自比值数值分析

根据柯西不等式，可知：

$$\left[\sum_{s=-\frac{D-1}{2}}^{s=\frac{D-1}{2}} \sum_{t=-\frac{D-1}{2}}^{t=\frac{D-1}{2}} \kappa_{z(m)}^{(n-1)}(i+s,\ j+t) \right]^2 \leqslant$$

$$\left[\sum_{s=-\frac{D-1}{2}}^{s=\frac{D-1}{2}} \sum_{t=-\frac{D-1}{2}}^{t=\frac{D-1}{2}} \left[\kappa_{z(m)}^{(n-1)}(i+s,\ j+t) \right]^2 \times \sum_{s=-\frac{D-1}{2}}^{s=\frac{D-1}{2}} \sum_{t=-\frac{D-1}{2}}^{t=\frac{D-1}{2}} \left[1 \right]^2 \right]$$

$$= D^2 \sum_{s=-\frac{D-1}{2}}^{s=\frac{D-1}{2}} \sum_{t=-\frac{D-1}{2}}^{t=\frac{D-1}{2}} \left[\kappa_{z(m)}^{(n-1)}(i+s,\ j+t) \right]^2 \tag{4-22}$$

由此式可知，$f_z^{(m)}$ 任意坐标点处的 $\kappa_{z(m)}^{(n)}$（$n=1$ 同样满足）数值范围均为 $-1 \leqslant \kappa^{(n)}(i,\ j) \leqslant +1$。同时，公式（4-22）还可以改写为：

$$\kappa_{z(m)}^{(n)}(i,\ j) = \frac{\displaystyle\sum_{s=-\frac{D-1}{2}}^{s=\frac{D-1}{2}} \sum_{t=-\frac{D-1}{2}}^{t=\frac{D-1}{2}} \kappa_{z(m)}^{(n-1)}(i+s,\ j+t)/D^2}{\sqrt{\displaystyle\sum_{s=-\frac{D-1}{2}}^{s=\frac{D-1}{2}} \sum_{t=-\frac{D-1}{2}}^{t=\frac{D-1}{2}} \left[\kappa_{z(m)}^{(n-1)}(i+s,\ j+t) \right]^2/D^2}} \tag{4-23}$$

其中，D^2 为计算窗口数据总点数，公式（4-23）可以看出，$\kappa_{z(m)}^{(n)}$ 是窗口内 $\kappa_{z(m)}^{(n-1)}$ 平均值与 $\kappa_{z(m)}^{(n-1)}$ 自身二次方平均值开方根之比，故此我们将 $\kappa_{z(m)}^{(n)}$ 称为 $\kappa_{z(m)}^{(n-1)}$ 的一阶自比值，即可称为是垂向梯度 $f_z^{(m)}$ 的 n 阶自比值。

3. 位场垂向梯度自比值的物理意义

设垂向导数 $f_z^{(m)}$ 在 $(i,\ j)$ 坐标点的窗口数据平均值为：

$$\overline{f_z^{(m)}(i,\ j)} = \sum_{s=-(\frac{D-1}{2})}^{s=\frac{D-1}{2}} \sum_{t=-(\frac{D-1}{2})}^{t=\frac{D-1}{2}} f_z^{(m)}(i+s,\ j+t) \tag{4-24}$$

则公式（4-20）可以重新写为：

$$\kappa_{z(m)}^{(1)}(i,\ j) =$$

$$\frac{D^2 \cdot \overline{f_z^{(m)}(i,\ j)}}{D\sqrt{D^2 \cdot (\overline{f_z^{(m)}(i,\ j)})^2 + \sum_{s=-(\frac{D-1}{2})}^{s=\frac{D-1}{2}} \sum_{t=-(\frac{D-1}{2})}^{t=\frac{D-1}{2}} \left([f_z^{(m)}(i+s,\ j+t) - \overline{f_z^{(m)}(i,\ j)}]^2 + 2[f_z^{(m)}(i+s,\ j+t) - \overline{f_z^{(m)}(i,\ j)}] \cdot \overline{f_z^{(m)}(i,\ j)} \right)}}$$

$$\tag{4-25}$$

当位场梯度数据 $f_z^{(m)}$ 远离场源边界位置时，梯度异常变化平缓，窗口内的数据均趋于均值，即上述公式中的 $(f_z^{(m)}(i+s,\ j+t) - \overline{f_z^{(m)}(i,\ j)}) \to 0$，此时一阶自比值 $\kappa_{z(m)}^{(1)}$ 可近似表示为：

$$\kappa_{z(m)}^{(1)}(i,\ j) \approx \frac{D^2 \cdot \overline{f_z^{(m)}(i,\ j)}}{D\sqrt{D^2 \cdot (\overline{f_z^{(m)}(i,\ j)})^2}} = \frac{\overline{f_z^{(m)}(i,\ j)}}{|\overline{f_z^{(m)}(i,\ j)}|} = \pm 1 \tag{4-26}$$

而当 $f_z^{(m)}$ 在地质体边界位置时，异常梯度大，且均值 $\overline{f_z^{(m)}(i, j)} \to 0$（尤其二阶和二阶以上导数），则 $\kappa_{z(m)}^{(1)}$ 为：

$$\kappa_{z(m)}^{(1)}(i, j) = \frac{D^2 \cdot \overline{f_z^{(m)}(i, j)}}{D \sqrt{\sum_{s=-\left(\frac{D-1}{2}\right)}^{s=\left(\frac{D-1}{2}\right)} \sum_{t=-\left(\frac{D-1}{2}\right)}^{t=\left(\frac{D-1}{2}\right)} [f_z^{(m)}(i, j)]^2}} \approx 0 \tag{4-27}$$

据此分析可知：当 $f_z^{(m)}$ 远离地质体边界位置时，一阶自比值趋于 ± 1，而当 $f_z^{(m)}$ 在地质体边界位置时 $\kappa_{z(m)}^{(1)}$ 则趋于 0。同样采用以上分析模式可以发现，由于 $\kappa_{z(m)}^{(1)}$ 在远离场源边界时将 $f_z^{(m)}$ 归一化到 ± 1 附近而在边界位置时将 $f_z^{(m)}$ 归一化到 0 值附近，而二阶自比值 $\kappa_{z(m)}^{(2)}$ 是一阶自比值 $\kappa_{z(m)}^{(1)}$ 的归一化形式〔公式（4-21）〕，那么 $\kappa_{z(m)}^{(2)}$ 必然在地质体边界位置更趋于 0 而在其他位置更接近 ± 1（这是由于 $\kappa_{z(m)}^{(1)}$ 数据变化程度小于 $f_z^{(m)}$）。由此推断 n 阶自比值 $\kappa_{z(m)}^{(n)}$ 在场源边界处梯度较大且 $\kappa_{z(m)}^{(n)} \cong 0$ 而在其他位置变化平缓并 $\kappa_{z(m)}^{(n)} \cong \pm 1$，这便是垂向梯度自比值识别场源边界位置的物理机制。

4. 最佳自比阶数和最佳窗口长度的确定

定义垂向 m 阶导数的第 n 阶自比值与第 $n+1$ 阶自比值的归一化互相关系数 R 为：

$$R_{z(m)}^{(n)} = \frac{\sum_{i=1}^{M} \sum_{j=1}^{N} \kappa_{z(m)}^{(n)}(i, j) \cdot \kappa_{z(m)}^{(n+1)}(i, j)}{\sqrt{\sum_{i=1}^{M} \sum_{j=1}^{N} [\kappa_{z(m)}^{(n)}(i, j)]^2 \cdot \sum_{i=1}^{M} \sum_{j=1}^{N} [\kappa_{z(m)}^{(n+1)}(i, j)]^2}} \tag{4-28}$$

其中，M、N 分别为线数和每条线的点数。

事实上相邻阶数自比值互相关系数与阶数的关系曲线存在一个明显极大值（后文将进一步阐述），我们将这个极大值点对应的自比阶数定义为最佳阶数，将该阶数的自比值称为最佳自比值。

若初始窗口下相邻阶次自比值互相关系数的极大值 max（R）大于给定的置信度 R_0，可认为最佳自比值去噪能力强，结果具有较强的可信度，将此时对应的初始窗口长度 D 称为最佳窗口长度；若 max（R）不大于 R_0，则认为初始窗口下的自比值结果可信度较低（即结果不可靠），需要加大计算窗口长度，重新计算互相关系数与阶数的关系，直到满足 max（R）$>R_0$ 时，终止计算，这时所对应的窗口长度定为最佳。

5. 算法的计算流程

据上述分析可知，本文提出的垂向梯度自比法可以自适应地寻找到最佳窗口下的最佳自比值阶数，然后通过最佳自比值进行场源边界识别。这里为了方便起见，给出了算法的具体计算流程：

（1）给定初始窗口长度（一般选取 $D=5$），采用快速傅里叶变换计算位场数据的垂向梯度 $f_z^{(m)}$；

（2）利用公式（4-20）和公式（4-21）计算 $f_z^{(m)}$ 的各阶自比值 $\kappa_{z(m)}^{(n)}$；

（3）根据公式（4-28）计算相邻阶数自比值的互相关系数 $R_{z(m)}^{(n)}$；

（4）给定置信度 R_0（一般不小于 0.96），将互相关系数极大值 max（R）与 R_0 进行比较；

（5）若 max（R）$\leqslant R_0$，则加大初始窗口长度，进行回返，重新计算第（2）~（4）步；若 max（R）$>R_0$，输出最佳自比值。

4.3.2　理论模型分析

为了检验本文方法的边界检测能力和压制噪声能力，做了一个组合模型，并在叠加模型体产生的重力异常中加入了随机噪声。设计的组合模型包含 4 个不同参数的长方体，各个模型体参数和相对位置分别见表 4-2 和图 4-15（a），选取的计算网格为 0.1 km×0.1 km。

表 4-2　模型参数表

地质体编号	上顶/下底埋深/km	x/y 方向长度/km	质心平面坐标（x，y）	相对围岩密度差/（g/cm³）
A	1.0/2.0	6.0/6.0	(5.0, 5.0)	0.1
B	0.5/0.7	2.0/1.0	(6.0, 6.5)	−0.1
C	0.4/0.5	1.0/1.0	(4.0, 5.0)	−0.1
D	0.4/0.5	1.0/1.0	(5.0, 4.0)	−0.1

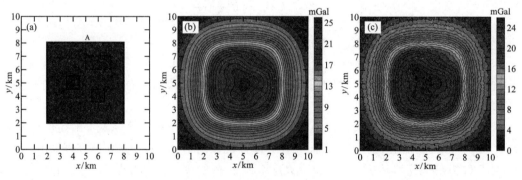

图 4-15　组合模型正演重力异常
（a）模型示意图；（b）理论重力异常；（c）含 3% 噪声的重力异常

从理论重力异常 [图 4-15（b）] 可以看出，地质体 A 由于埋深和规模均较大，异常在边界位置表现出的梯级带较宽，边界位置不易精确确定；地质体 B、C、D 规模较小，受地质体 A 影响，其边界位置在异常图中表现为等值线同形扭曲，边界位置确定难度较大，而这三个地质体在加入随机噪声的异常图 [图 4-15（c）] 中等值线同形扭曲特征较为模糊，进一步增加了边界位置确定的难度。

首先采用常规的边界识别方法对含噪声重力异常进行计算，结果见图 5-16。从中可以看出，斜导数 [图 4-16（a）] 通过异常界限特征大致识别出地质体 A 的边界，但无法识别其他三个地质体；水平总梯度 [图 4-16（b）] 和 Theta map [图 4-16（c）]

的极大值可以较为模糊地识别出地质体 A 的边界，但受叠加异常和噪声干扰的影响，这两种方法也对地质体 B、C、D 无反映；导数归一化标准差 [图 4-16（d）] 受噪声影响严重，其异常极大值分布无显著规律，对所有地质体边界均无法识别；小子域滤波结果 [图 4-17（e）] 存在着多条不连续分布的梯级带，致使无法确定哪些梯级带是有效的；归一化均方差比法 [图 4-17（f）] 对地质体 A 边界和地质体 B 部分边界有反映，而受异常叠加影响，对地质体 C、D 几乎没有反映。上述结果表明，常规边界识别方法存在易受干扰影响及识别边界能力有限等缺点。

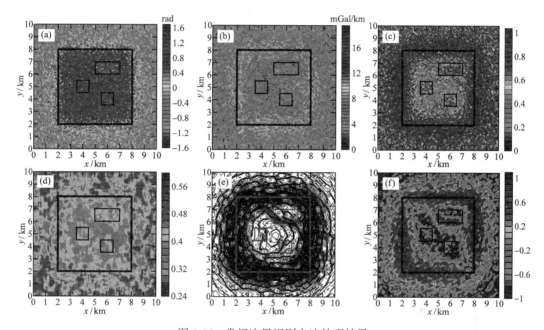

图 4-16　常规边界识别方法处理结果

（a）Tilt angle；（b）水平总梯度；（c）Theta map；（d）归一化标准差；
（e）小子域滤波；（f）归一化均方差比

为了验证本文方法的优越性，我们分别对含噪声重力异常垂向一、二、三阶导数进行了最佳自比值计算。其中，图 4-17 是垂向各阶异常导数；图 4-18 是各阶导数相邻阶自比值互相关系数与自比值阶数关系曲线；图 4-19 是采用算法计算流程（2）~（5）步和互相关系数曲线特征得到了三个垂向导数最佳自比值。

从垂向各阶导数图（图 4-17）中易看出，垂向一阶导数异常特征与斜导数 [图 4-16（a）] 相似，也仅能通过异常界限特征识别出地质体 A 的边界；垂向二阶、三阶导数均受噪声影响严重，计算结果稳定性极差，已无法有效显示地质体的任何有效信息。

从互相关系数曲线图（图 4-18）中可知，无论是哪阶垂向导数，其自比值的互相关系数均随着自比值阶数的增加先增大后减小，存在着明显的极大值点。由于初始窗口下的垂向一阶和二阶导数自比值互相关系数极大值均大于可信度 R_0（0.98），即垂向一阶、二阶的最佳窗口均为初始窗口（$D=5$），最佳自比值阶数分别 $n=3$ 和 $n=4$。而垂向三阶导数在初始窗口下的互相关系数极大值 $\max(R_{z(3)})$ 小于 R_0，因此将计算窗

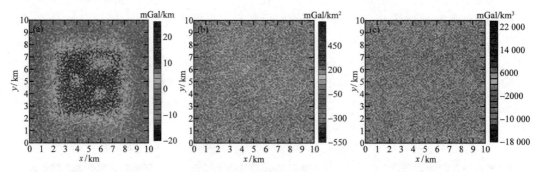

图 4-17 含噪声重力异常垂向导数

（a）一阶；（b）二阶；（c）三阶

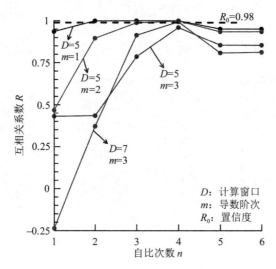

图 4-18 互相关系数与自比值次数关系曲线

口长度增加至 $D=7$，此窗口下的 max（$R_{z(3)}$）大于 R_0，即垂向三阶导数自比值的最佳窗口长度为 $D=7$ 及其最佳自比值阶数为 $n=4$。

从最佳自比值 [图 4-19（a）~（c）] 可以看出，三个导数的最佳自比值均有效地消除了大部分噪声干扰，同时在地质体边界位置均表现为明显的异常梯级带特征。垂向一阶导数最佳自比值（$\kappa_{z(1)}^{(3)}\big|_{D=5}$）将地质体 A 边界较好地反映出来，但边界定位存在偏差，且无法识别出其他三个地质体，这说明垂向一阶导数最佳自比值的识别能力有限；垂向二阶导数最佳自比值 $\kappa_{z(2)}^{(4)}\big|_{D=5}$ 可以将所有地质体边界均较好地反映出来，且边界定位精度相对于 $\kappa_{z(1)}^{(3)}\big|_{D=5}$ 有了较大的提高，所识别出的边界与实际地质体边界基本一致；垂向三阶导数最佳自比值 $\kappa_{z(3)}^{(4)}\big|_{D=7}$ 不仅反映出了所有地质体的边界，而且异常梯级带与地质体边界也有着较好地对应关系。

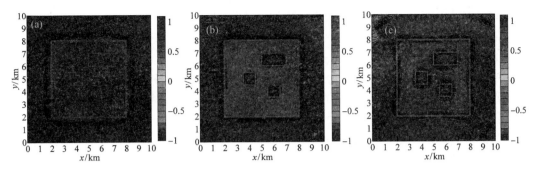

图 4-19　垂向梯度最佳最比值

(a) 一阶；(b) 二阶；(c) 三阶

4.3.3　鸭绿江盆地重力资料处理

为了验证垂向梯度最佳自比值对实际资料的处理效果，我们选取了吉林省南部鸭绿江盆地实测重力异常数据进行边界识别。鸭绿江盆地位于中朝板块东北缘，二级大地构造单元隶属于辽东台隆区，盆地主体位于太子河—浑江坳陷内（图 4-20）。从研究区地质图（图 3-16）中可以看出，除志留系、泥盆系和下石炭系地层缺失外，其他时期的各系岩石均有出露，层间相互关系较为复杂，这给地质体边界的确定带来了较大的难度，不过研究区内各个时期岩石出露较好，这也为数据处理得到场源边界的可靠性提供了较好的对比依据。

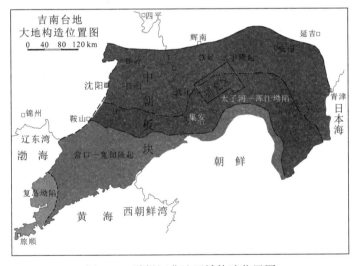

图 4-20　鸭绿江盆地区域构造位置图

图 4-21（a）是网格为 1 km×1 km 的盆地内布格重力异常，可以看出，反映地质体边界位置的梯级带主要分布在三道江—新立屯—板石镇一线、四道江—六道江—白山—孙家堡子一线、孤砬子—红土崖—石人—孙家堡子一线以及蚂蚁河—闹枝沟屯圈闭等位置，这四组异常梯级带可能是大型地质体边界（或规模较大的断裂位置）的信息反映，但异常梯度均较平缓，边界位置不易直接从重力异常图中直接确定。较小型地质体边界受区域异常影响较大，在异常图中主要表现为异常等值线突然变宽或变窄

以及同形扭曲等非梯级带特征，这类地质体边界位置确定难度较大。图 4-21（b）是利用地质资料和前人工作成果得到的构造分区及燕山期花岗岩出露区的综合图。

为了使数据处理得到的结果与地表地质分布情况相比较，在此对重力异常进行了垂向三阶导数计算以便消除区域场影响和突出浅部地质体特征，同时利用了垂向三阶导数自比值互相关系数与自比值阶数曲线 ［图 4-21（c）］得到垂向三阶导数最佳自比值 ［图 4-21（d）］。可以看出，最佳自比值大体上反映了龙岗隆起与浑江坳陷的界限，同时对研究区内的中新生代地层和燕山期花岗岩等相对低密度地质体都有着较好地反映，此外，该结果还比较客观地反映出了浑江煤田的分布范围，这对鸭绿江盆地沉积构造特征的深入研究提供了重要的指导信息。

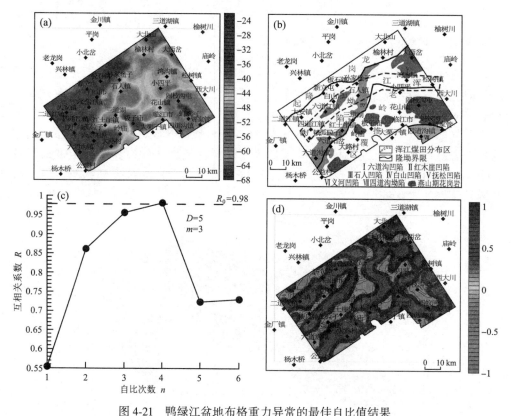

图 4-21　鸭绿江盆地布格重力异常的最佳自比值结果

（a）布格重力异常；（b）构造分区及燕山期花岗岩分布图；（c）互相关系数与自比值次数关系曲线；
（d）垂向三阶导数最佳自比值

4.3.4　本节小结

目前，地球物理工作者提出的许多边界识别方法都是基于位场一阶导数信号分析提出的，这些方法易受高频噪声干扰影响，对地质体边界的识别能力有限。在此另辟蹊径，提出了消除高阶导数噪声干扰和突出垂向导数异常梯级带的自比值法。由于该方法能够处理高阶导数，因此可以提供丰富、精确的边界信息，为位场高阶导数的场源边界分析提供了一种研究新思路。

4.4　增强异常的改进小子域滤波法

小子域滤波是一种常用的重力异常边界拾取手段。传统小子域滤波子域划分重心不稳，易导致异常曲线扭曲。为此对小子域滤波的子域剖分模式进行改进，使其更合理地反映不同走向上的构造；同时提出了基于迭代差分的稳定增强滤波来解决小子域滤波易受高频干扰影响和识别异常界限能力不足的缺陷。

4.4.1　小子域滤波基本原理

1. 传统小子域滤波

传统小子域滤波[144]是将滑动窗口按中心点的不同侧面划分出 8 个子域，并将 8 个子域均方差最小子域的平均值作为滤波输出，图 4-22 所示为传统小子域滤波子域剖分模式的示意图。该方法可以较好地保留异常间的界限，但还存在着以下不足：1）虽然看似是对位场异常进行了低通滤波处理，然而不同子域对噪声的敏感程度不同，从而导致滤波结果中出现明显的"虚假"异常[242]；2）8 个子域的重心均偏离窗口中心点，易造成异常形态不规则扭曲，从而产生虚假信息[150,153]；3）不能较好地检测出梯级带不明显或非梯级带特征的异常界限，且检测结果存在较大偏差[147]。

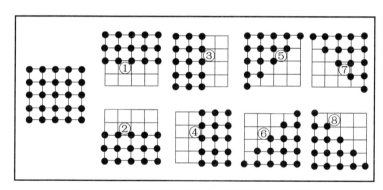

图 4-22　传统小子域滤波的子域剖分示意图[144]

2. 改进型小子域滤波

针对传统小子域滤波存在的上述问题，本文对子域剖分模式进行改进，改进型小子域滤波与传统方法的区别在于剖分子域的个数不同。以 5×5 窗口为例，传统剖分是按中心点的不同侧面划分出 8 个子域（图 4-22），而本文方法的剖分是将 5×5 窗口剖分出 21 个子域，每个子域包含 9 个数据点（图 4-23）。从图 2 中可以看出，改进后的子域划分方式可以检测任意方向上的异常变化，能更好地体现出不同走向上的构造，获得更为准确、丰富的异常界限。该方法的计算流程与传统方法一致，即将窗口内 21 个子域均方差最小的子域数据平均值作为窗口中心点的滤波结果，以紧缩梯级带作为场源边界的识别依据。

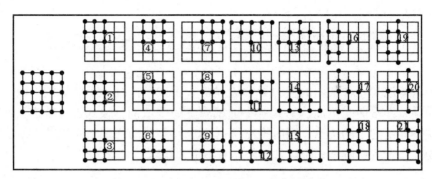

图 4-23　改进型小子域滤波的子域剖分示意图

对于 $N \times N$ 窗口来说，子域剖分个数为 $(N + 1)(N + 9)/4$，每个子域的数据点为 $(N + 1)^2/4$。也就是说，随着窗口增大，子域剖分个数也随之增加，而传统小子域滤波及其他改进方法的子域剖分个数大多是固定的，与窗口大小无关。因此本文提出的子域剖分模式则更能有效地检测异常的细节变化。

4.4.2　异常增强滤波技术

传统滤噪技术一般是低通滤波。低通滤波在消除噪声时，对低频有用信号同样也有一定的削减，从而导致异常分辨率有所降低。因此，在原异常中表现为非梯度带的异常界限，小子域滤波仍不能有效识别。鉴于此，本文提出了一种稳定增强滤波技术，该方法在滤除噪声的同时，可以提高异常的分辨能力。

1. 基本原理

设位场异常 f 的波谱为 U，低通滤波算子为 φ，且 $0 \leqslant \varphi \leqslant 1$，则滤波后的波谱可以表示为：

$$U_{\varphi} = U \cdot \varphi \tag{4-29}$$

虽然上述低通滤波可以滤除随机干扰，但对低频有用信息也存在一定的削减作用。因此，采用迭代补偿模式完成对低频成分的弥补，迭代过程如下：

（1）将原始异常波谱 U 与滤波后的波谱 U_{φ} 的差值利用滤波算子 φ 进行修正，修正结果为：

$$U_{\varphi}^{(1)} = (U - U_{\varphi}) \cdot \varphi + U_{\varphi} = U \cdot \varphi \cdot [1 + (1 - \varphi)] \tag{4-30}$$

（2）将 U 与 $U_{\varphi}^{(1)}$ 的差值再次利用 φ 进行修正，修正结果为：

$$U_{\varphi}^{(2)} = (U - U_{\varphi}^{(1)}) \cdot \varphi + U_{\varphi}^{(1)} = U \cdot \varphi \cdot [1 + (1 - \varphi) + (1 - \varphi)^2] \tag{4-31}$$

（3）按照如上迭代补偿模式，第 n 次修正值为：

$$U_{\varphi}^{(n)} = (U - U_{\varphi}^{(n-1)}) \cdot \varphi + U_{\varphi}^{(n-1)} \tag{4-32}$$

根据上面三个公式，得到迭代通式：

$$U_{\varphi}^{(n)} = U \cdot \varphi \cdot [1 + (1 - \varphi) + (1 - \varphi)^2 + \cdots + (1 - \varphi)^n] = U \cdot [1 - (1 - \varphi)^{n+1}]$$

$$\tag{4-33}$$

上述迭代模式事实上与侯重初[52]提出的补偿圆滑滤波在原理上是一致的。由（4-33）

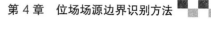

式可以看出，采用迭代法得到的波谱 $U_\varphi^{(n)}$ 等价于在波谱 U 中加入了一个与迭代次数 n 相关的低通滤波 $1 - (1 - \varphi)^{n+1}$，因此迭代法在这里仍是起到压制干扰的作用，而无法提高异常的分辨率。

为了提高异常分辨率，在此对迭代结果进行如下处理：

（1）设初始迭代次数为 n 的滤波值 $u_\varphi^{(n)} = \mathrm{F}^{-1}[U_\varphi^{(n)}]$，迭代次数间隔为 Δn 的滤波值 $u_\varphi^{(n+\Delta n)} = \mathrm{F}^{-1}[U_\varphi^{(n+\Delta n)}]$，则一次迭代差分的结果为：

$$\mathrm{d}u_\varphi^{(1-n)} = u_\varphi^{(n+\Delta n)} - u_\varphi^{(n)} = \mathrm{F}^{-1}[U_\varphi^{(n+\Delta n)} - U_\varphi^{(n)}] =$$
$$\mathrm{F}^{-1}[U \cdot (1 - \varphi)^{n+1} \cdot [1 - (1 - \varphi)^{\Delta n}]] \tag{4-34}$$

（2）令迭代次数间隔为 $2\Delta n$ 的滤波值为 $u_\varphi^{(n+2\Delta n)} = \mathrm{F}^{-1}[U_\varphi^{(n+2\Delta n)}]$，则两次迭代差分的结果为：

$$\mathrm{d}u_\varphi^{2-n} = 2u_\varphi^{(n+\Delta n)} - [u_\varphi^{(n)} + u_\varphi^{(n+2\Delta n)}] = \mathrm{F}^{-1}[U \cdot (1 - \varphi)^{n+1} \cdot (1 - (1 - \varphi)^{\Delta n})^2]$$
$$\tag{4-35}$$

（3）仿照上述流程，迭代差分第 m 次的结果为：

$$\mathrm{d}u_\varphi^{m-n} = \mathrm{F}^{-1}[U \cdot (1 - \varphi)^{n+1} \cdot (1 - (1 - \varphi)^{\Delta n})^m] \tag{4-36}$$

由（4-36）式可知，迭代差分 m 次的滤波因子 $\phi = (1 - \varphi)^{n+1} \cdot [1 - (1 - \varphi)^{\Delta n}]^m$ 事实上是一个低通滤波 $\phi_l = [1 - (1 - \varphi)^{\Delta n}]^m$ 和高通滤波 $\phi_h = (1 - \varphi)^{n+1}$ 的组合。

2. 滤波特性

令滤波算子 $\varphi = \exp(-w \cdot h)$，$m = 1$，$\Delta n = 10$，这里 w 表示波数，$h = 10\Delta x$，$\Delta x = 0.1\,\mathrm{km}$。图 4-24（a）给出了上文提及的滤波算子的滤波曲线。可以看出，低通滤波 φ（向上延拓算子）虽然对高频成分具有较好的压制作用，但对中、低频的有用信号一定程度上也有削减作用；相对于低通滤波 φ，增强滤波器中的低通滤波 ϕ_l 可以更好地保留低频成分；稳定增强滤波 ϕ 在中低频则趋近于高通滤波算子 ϕ_h，而在高频处则趋于低通滤波 ϕ_l，即滤波算子 ϕ 为一带通滤波器，对中频成分起到了放大作用，而对高频成分起到了压制作用。也就是说，稳定增强滤波后的位场异常在理论上不仅具有较强的稳定性，而且还可以提高原异常的分辨能力，因此，将这种迭代差分滤波称为稳定增强滤波。

图 4-24（b）~（d）是不同参数的增强滤波响应曲线图。可以看出，随着初始迭代次数 n 的增加 [图 4-24（b）]，滤波算子的主峰向高频移动，但幅值却随之降低；随着迭代次数间隔 Δn 的增加 [图 4-24（c）]，增强滤波算子频带变宽，主峰同时向高频移动；随着迭代差分次数 m 的增加 [图 4-24（d）]，滤波算子频带变窄且主峰向低频移动。因此选择较少的初始迭代次数 n、较小的迭代次数间隔 Δn 和较大的迭代差分次数 m，会使得滤波结果具有更强的计算稳定性。

理论上，稳定增强滤波器中的低通滤波 φ、迭代初始次数 n、迭代间隔 Δn 及迭代差分次数 m 的选择具有随意性，但为确保计算结果的稳定性及异常分辨能力，建议 φ 选用向上延拓不少于 5 倍点距的延拓算子，选取 $n = 1$，$\Delta n < 50$ 及 $m < 5$。后文中的模型及实例部分低通滤波算子均是选取向上延拓 10 倍的延拓算子，$m = n = 1$，$\Delta n = 10$。

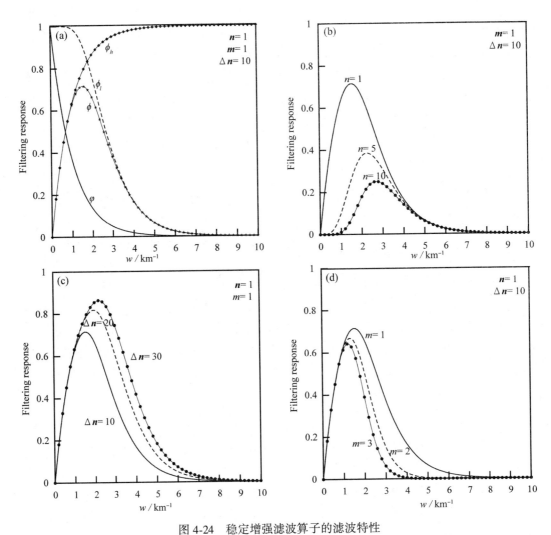

图 4-24 稳定增强滤波算子的滤波特性

（a）不同滤波算子的滤波响应曲线；（b）不同 n 时的滤波响应曲线；（c）不同 Δn 时的滤波响应曲线；
（d）不同 m 时的滤波响应曲线

4.4.3 理论模型分析

为了验证方法的有效性和优越性，建立了由 4 个埋深不同、尺度不同、密度不同的重力异常体（表 4-3）组成的复杂模型进行试验。同时，在模型的正演重力异常中添加了随机干扰，以检验方法的稳定性。图 4-25 是该模型产生的重力异常 ［图 4-25（a）］ 以及分别添加 1% ［图 4-25（b）］、3% ［图 4-25（c）］ 噪声的重力异常，利用本文方法对图 4-25（c）进行稳定增强滤波处理，结果见图 4-25（d）。可以看出，理论重力异常 ［图 4-25（a）］ 可以通过梯度带大致识别异常体 A、B、C 的边界位置，但异常梯度较宽，边界位置不明确；模型体 D 的异常受叠加场影响，极值圈闭与模型体中心不对应，另外在异常图主要以等值线同向扭曲为主。在重力异常含 1% 随机噪声时

［图 4-25（b）］，异常体 D 所对应的异常更加模糊。当重力异常含 3% 噪声时［图 4-25（c）］，难以通过异常梯度带识别所有模型边界。稳定增强滤波后的重力异常［图 4-25（d）］不仅等值线相对于图 4-25（c）更加圆滑，且异常分辨率也得到明显提高，尤其对规模小、埋深大的异常体 D。

表 4-3　理论模型异常体的参数

模型体编号	角点坐标 (x, y) /km	上顶、下底 (z_1, z_2) /km	剩余密度 ρ / (g/cm³)
A	$(1,1)(3,1)(3,2)(2,2)(2,6)(1,6)$	$(0.5, 10)$	-0.2
B	$(5,1)(6,1)(6,8)(9,8)(9,9)(1,9)(1,8)(5,8)$	$(1.0, 2.0)$	0.5
C	$(8,5)(9,5)(9,6)(8,6)$	$(0.5, 1.5)$	0.5
D	$(8,2)(9,2)(9,3)(8,3)$	$(1.0, 2.0)$	0.5

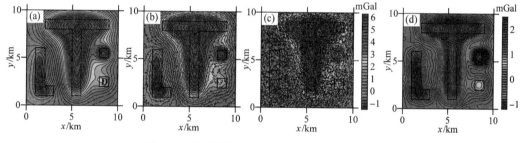

图 4-25　含不同程度噪声的组合模型重力异常

（a）理论重力异常（a）；（b）含 1% 噪声；（c）含 3% 噪声；（d）图 4-25（c）稳定增强滤波结果

图 4-26 是无噪数据在不同窗口下的传统小子域滤波与本文改方法滤波处理结果。可以看出，当计算窗口较小时（如 3×3），传统小子域［图 4-26（a）］与改进小子域滤波［图 4-26（e）］仅对埋深较浅的异常体 C 的边界异常进行了有效紧缩；随着窗口尺度的增加，无论是传统小子域滤波还是改进小子域滤波，地质体边界异常被紧缩得更加明显，如 9×9 窗口时，除异常体 D 缺失部分边界，其他三个异常体的边界异常均得到了有效增强。图 4-26 可以明显发现，传统小子域滤波结果在模型体角点处存在明显的等值线扭曲现象，而改进型小子域滤波的处理结果并不存在此现象，能更好地识别异常体的边界。

图 4-27 是不同噪声水平的重力异常在不同窗口下的传统小子域滤波与本文方法滤波处理结果对比。可以看出，由于随机噪声对不同方向子域的影响程度不同，导致了两种方法的滤波结果中均存在着多条不连续分布的异常紧缩带，且无法确定哪些紧缩带是有效的；还可以发现，噪声水平越高，小子域滤波处理结果中的虚假信息就越多，处理结果的可靠性越差。

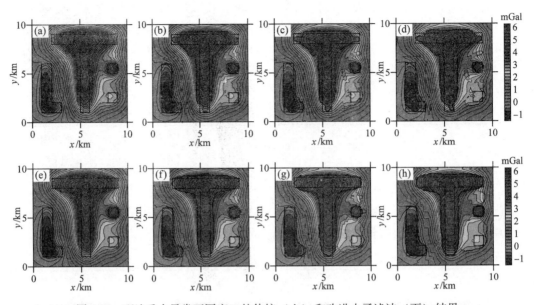

图 4-26　理论重力异常不同窗口的传统（上）和改进小子滤波（下）结果

（a）（e）滤波窗口 3×3；（b）（f）滤波窗口 5×5；（c）（g）滤波窗口 7×7；（d）（h）滤波窗口 9×9

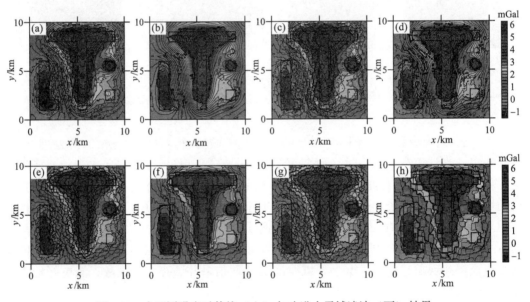

图 4-27　含不同噪声时传统（上）与改进小子域滤波（下）结果

（a）（e）含 1%噪声、窗口 5×5；（b）（f）含 1%噪声、窗口 9×9；（c）（g）含 3%噪声、窗口 5×5；
（d）（h）含 3%噪声、窗口 9×9

图 4-28 是含 3%噪声重力异常经过稳定增强滤波后的传统小子域滤波和改进型小子域滤波处理结果对比。相对于图 4-27 来说，稳定增强滤波后的小子域滤波更加稳定，不但不包含明显的虚假紧缩带，更能有效地检测出所有地质体边界，尤其异常体 D 的边界也有明显的展示。

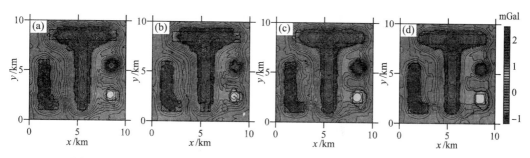

图 4-28 含 3%噪声重力异常稳定增强滤波后的传统和改进小子域滤波结果

（a）（b）窗口 5×5，9×9 的传统小子域滤波；（c）（d）窗口 5×5，9×9 的传统小子域滤波

4.4.4 实际重力资料应用

为了验证稳定增强异常改进型小子域滤波对实际资料的处理效果，选取了吉林省南部鸭绿江盆地实测重力数据（点距和线距均为 1 km）进行试验。

从盆地内布格重力异常图［图 4-29（a）］可以看出，反映地质体边界位置或断裂构造的梯级带异常梯度较平缓，因而地质边界不易直接根据重力异常进行精确的解释。较小型地质体的边界受区域异常的影响较大，在异常图中主要表现为异常等值线突然变宽或变窄以及同形扭曲等非梯级带特征，这类地质体的边界位置确定难度较大。从图 4-29（b）可以看出，经稳定增强处理的重力异常图的分辨率获得了明显提高，不仅异常梯级带连续性增强，且异常呈现更明显的 NE 走向，与地质图（图 3-16）中的岩石分布呈现出了很强的一致性。图 4-30 是布格重力异常的传统小子域和改进型小子域滤波结果，可以看出，对于原始布格重力异常，传统小子域滤波［图 4-30（a）（b）］对大型异常梯度带进行了较好的紧缩，然而紧缩带的连续性较差，且存在明显的无规律性弯曲；而改进型小子域滤波［图 4-30（c）（d）］同样也反映了大型断裂的位置，且边界异常信息更丰富，紧缩带的连续性也更强。对于稳定增强异常，无论是经传统小子域滤波［图 4-31（a）（b）］还是改进型小子域滤波［图 4-31（c）（d）］处理的重力数据对边界的识别能力显然都获得了大幅度的提升，边界异常信息更丰富，而改进型小子域滤波结果显示出更丰富的构造边界信息，且紧缩带的走向和连续性也更好。需要指出的是，5×5 窗口的小子域滤波［图 4-31（a）（c）］数据中的一些紧缩带在 9×9 窗口的小子域滤波图［图 4-31（b）（d）］上没有显示。如在大安镇的东南侧，5×5 窗口的小子域滤波数据中存在两条 NE 走向的异常紧缩带，但 9×9 窗口的小子域滤波数据中并未被有效识别出来，且检测出的紧缩带连续性也较差。这说明在实际资料处理中，需要结合不同窗口的小子域滤波数据进行地质解释。另外，新方法获得的异常紧缩带与不同时代的岩性界限（图 3-16）具有良好的对应性；增强异常的改进小子域滤波数据的负异常分布也较好地反映了研究区中—新生代地层和燕山期花岗岩等低密度岩石的分布。

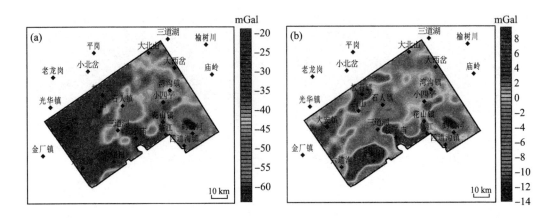

图 4-29　鸭绿江盆地布格重力异常（a）及稳定增强重力异常（b）

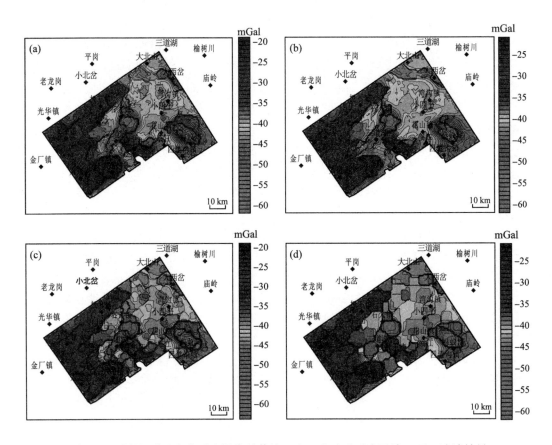

图 4-30　鸭绿江盆地布格重力异常的传统（上）和改进型小子域（下）滤波结果

（a）（c）窗口 5×5；（b）（d）窗口 9×9

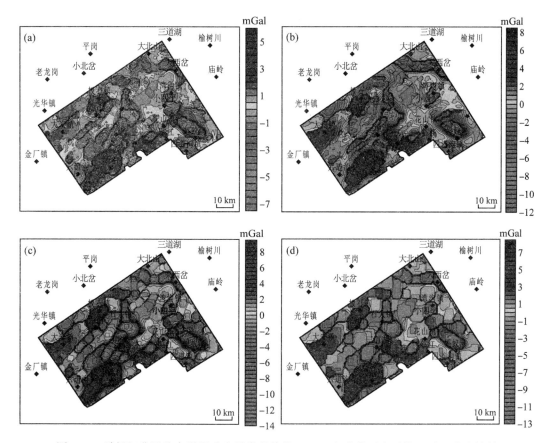

图 4-31　鸭绿江盆地稳定增强重力异常的传统（上）和改进型小子域（下）滤波结果

（a）（c）窗口 5×5；（b）（d）窗口 9×9

图 4-32（a）是结合区域地质及前人工作成果绘制的构造分区图。图中给出了大型断裂的位置、低密度岩石的分布区（燕山期花岗岩及石炭—白垩纪地层）以及浑江煤田工作区等信息，以此验证本文方法的可靠性。图 4-32（b）是基于图 4-31 解释的 3条大型断裂和 17 条中小型断裂以及在浑江坳陷内圈定的负异常区域，其中 F_1 为二道江—江源断裂，是龙岗隆起与浑江坳陷的界限断裂；F2 为石人—大青沟断裂，是浑江坳陷与老岭隆起的分界断裂；F3 为鸭绿江断裂，在研究区东部则是老岭隆起与四道沟坳陷的界限。这三条大型断裂在重力异常中均以大型梯级带为异常特征，其余 17 条中、小型断裂在重力异常图上表现为弱异常梯级带或等值线突然变宽或变窄以及同形扭曲等异常特征。需要指出的是，在浑江坳陷内，地表出露的低密度岩石分布区仅占 30%左右的面积，而方法识别出的负异常分布范围可达 50%以上，也就是说浑江坳陷内有大面积的低密度体隐伏于高密度岩石之下，其中勘探程度较高的浑江煤田工作区中的一些飞来峰下的煤层（主要分布在石炭、二叠、侏罗纪地层中）已被钻探或采掘所证实[234,243]，这也再一次证实了文中方法的实用性，同时该方法也为研究区后续煤田勘查有利区（尤其勘探程度较低的六道沟—三道湖—石人镇一带）和地质—地球物理综合解释提供了依据。

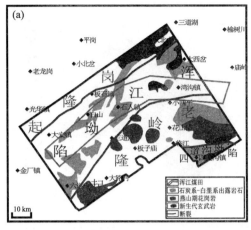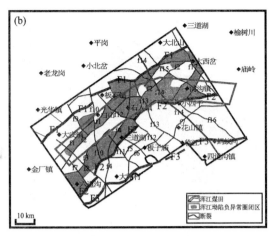

图 4-32　鸭绿江盆地构造分区图（a）和断裂构造分布及浑江坳陷负异常分布区（b）

4.4.5　本节小结

针对传统小子域滤波存在异常曲线扭曲的缺陷，提出了一种包含更多子域的新子域剖分模式，可以更准确地检测不同走向构造的界限。针对小子域滤波存在易受干扰影响和难以识别非梯级带特征的断裂构造的缺陷，提出基于迭代差分的稳定增强滤波技术。该技术在滤除噪声干扰的同时，还可以提高异常的分辨率。模型试验和实例应用表明，改进型小子域滤波比传统算法效果更佳，异常的界限可以得到更加准确、精细的刻画；稳定增强滤波后的重力异常不仅稳定性强，且异常分辨率明显提高；增强异常改进型小子域滤波则能够更加准确、精细地刻画密度异常体的界限，同时还可以通过重力正、负异常的分布进一步提高方法的解释能力。

4.5　方向 Tilt 梯度的水平总梯度

磁异常圈定及构造划分是磁法勘探的重要内容，但受磁化角度影响，利用磁异常直接识别地质体难度较大，大部分三维磁异常解释方法需要事先做化极处理。然而当工作区存在强剩磁时，或工区范围较大，化极处理很难获得满意结果。基于 Tilt 梯度，推广得到可以突出 x、y 方向信息的 Tilt 梯度分量，并根据这两个分量的水平导数，提出了改进 Tilt 梯度水平总梯度的三维磁异常解释技术。该方法可以直接计算三维磁异常，无须化极。

4.5.1　基本原理

Tilt Angle[129] 是一种从位场一阶导数推导而来，可以均衡不同异常强度的位场数据处理方法，其理论公式为：

$$\text{TILT} = \arctan\left(\frac{\dfrac{\partial T}{\partial z}}{\sqrt{\left(\dfrac{\partial T}{\partial x}\right)^2 + \left(\dfrac{\partial T}{\partial y}\right)^2}}\right) \tag{4-37}$$

其中，$\dfrac{\partial T}{\partial x}$，$\dfrac{\partial T}{\partial y}$，$\dfrac{\partial T}{\partial z}$ 为磁异常 T 在 x，y，z 方向的导数。

对公式（4-37）分母拆分为 $\dfrac{\partial T}{\partial x}$、$\dfrac{\partial T}{\partial y}$，得到两个新的均衡滤波器：

$$\theta^x = \arctan\left(\frac{\partial T}{\partial z}\middle/\frac{\partial T}{\partial x}\right) \tag{4-38}$$

$$\theta^y = \arctan\left(\frac{\partial T}{\partial z}\middle/\frac{\partial T}{\partial y}\right) \tag{4-39}$$

由公式（4-38）和公式（4-39）可以分别得到 θ^x 在 x 方向的导数和 θ^y 在 y 方向的导数：

$$\theta_x^x = \frac{\partial \theta^x}{\partial x} = \left(\frac{\partial T}{\partial x}\frac{\partial^2 T}{\partial x \partial z} - \frac{\partial T}{\partial z}\frac{\partial^2 T}{\partial x^2}\right)\middle/\left[\left(\frac{\partial T}{\partial x}\right)^2 + \left(\frac{\partial T}{\partial z}\right)^2\right] \tag{4-40}$$

$$\theta_y^y = \frac{\partial \theta^y}{\partial y} = \left(\frac{\partial T}{\partial y}\frac{\partial^2 T}{\partial y \partial z} - \frac{\partial T}{\partial z}\frac{\partial^2 T}{\partial y^2}\right)\middle/\left[\left(\frac{\partial T}{\partial y}\right)^2 + \left(\frac{\partial T}{\partial z}\right)^2\right] \tag{4-41}$$

根据公式（4-40）和公式（4-41）可知，θ_x^x 与 θ_y^y 的单位均为 m^{-1}，并不具备磁异常及其导数异常的物理意义。为此，把公式（4-40）和公式（4-41）的分母进行均方根处理：

$$S\theta_x = \left[\frac{\partial T}{\partial x}\frac{\partial^2 T}{\partial x \partial z} - \frac{\partial T}{\partial z}\frac{\partial^2 T}{\partial x^2}\right]\middle/\sqrt{\left(\frac{\partial T}{\partial x}\right)^2 + \left(\frac{\partial T}{\partial z}\right)^2} \tag{4-42}$$

$$S\theta_y = \left[\frac{\partial T}{\partial y}\frac{\partial^2 T}{\partial y \partial z} - \frac{\partial T}{\partial z}\frac{\partial^2 T}{\partial y^2}\right]\middle/\sqrt{\left(\frac{\partial T}{\partial y}\right)^2 + \left(\frac{\partial T}{\partial z}\right)^2} \tag{4-43}$$

此时，$S\theta_x$ 和 $S\theta_y$ 的单位为 nT/m^2，具有磁异常二阶导数的物理意义，也与公式中使用的导数阶次一致。$S\theta_x$ 和 $S\theta_y$ 可以分别突出三维磁异常在 x 和 y 方向上的异常信息，因此，可利用 $S\theta_x$ 和 $S\theta_y$ 的组合来识别磁性体信息：

$$\text{THS}\theta = \sqrt{S\theta_x^2 + S\theta_y^2} \tag{4-44}$$

THSθ 为方向 Tilt 梯度的水平导数模，当地质体为（近似）棱柱体状时，THSθ 的极大值对应场源边界位置；当地质体为（近似）球体时，则对应场源的中心位置；当地质体为（近似）岩脉状时，则对应场源的中心走向位置。

4.5.2　理论模型试验

为了验证新方法的应用效果，设计了一个磁化倾角和磁化偏角不同的复杂模型（表4-4）。其中，异常体 1、5 为球体，异常体 2 和 4 为棱柱体，异常体 3 为垂直岩脉，所有异常体的磁化强度均设为 1 A/m。图 4-33 为网格间距为 0.1 km 的组合模型理论磁异常，可以看出，斜磁化下的磁异常与地质体无明显的对应关系。

表 4-4 模型体参数表

异常体	类型	上顶或质心埋深/km	边长或半径/km	厚度/km	磁倾角/磁偏角
①	球体	9	5	—	0°/30°
②	棱柱体	5	40×15	7	60°/15°
③	岩脉	1	0.05×50	40	30°/60°
④	棱柱体	4	10×10	5	45°/30°
⑤	球体	10	5	—	30°/30°

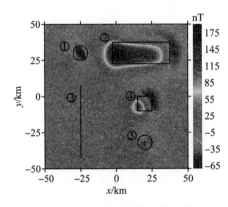

图 4-33　组合模型体的正演磁异常

　　为了说明本文方法的优越性，选用了常用的数据处理方法进行模拟对比分析，图 4-34 是常规方法和新方法对磁异常的处理结果。从图 4-34（a）可以看出，水平总梯度可以较好地识别规模较大的棱柱体②的边界，对棱柱体④的边界也有一定展示，但识别的边界位置与实际位置偏差较大，对其他异常体的识别效果也较差。作为一种边界识别手段，水平梯度模对磁化角度敏感。前人的研究表明，该方法不能直接应用于原始磁异常。图 4-34（b）是解析信号的计算结果，由图可见该方法可以较好地检测到球体①的质心位置及棱柱体②的边界位置，但对岩脉③识别模糊，对棱柱体④的边界识别存在部分缺失，对球体⑤的质心识别位置存在较大偏差。从图 4-34（c）可以看出，Theta map 可以识别棱柱体②的边界及岩脉③的位置，在棱柱体④上的识别边界存在较大偏差，无法识别球体①和⑤，另外还在异常体外产生了很多虚假信息。图 4-34（d）是 Tilt 梯度的计算结果，可以看出，Tilt 梯度可以有效均衡磁异常，突出弱异常，但是无法准确识别五个异常体的边界或者中心位置，受磁化角度影响严重，因此，Tilt 梯度并不适合用于斜磁化磁异常的直接解释。图 4-34（e）是 Tilt 梯度水平导数模的处理结果，可见该方法较好地反映出棱柱体②的边界位置和棱柱体④的部分边界，还可以较好地反映出岩脉③的位置及球体⑤的质心水平位置，但无法识别球体①的质心位置。另外，该方法还会产生一些虚假异常，而这些虚假信息在实际资料处理易被看作是有用信号，从而获得错误的认识。图 4-34（f）是方向 Tilt 梯度的水平总梯度方法的识别结果，可以看出，对于磁化方向不同、几何形状不同的异常体，本文方法可以有效识别长方体异常体②和④的边界位置、球体①和⑤的中心位置及岩脉③的位置。

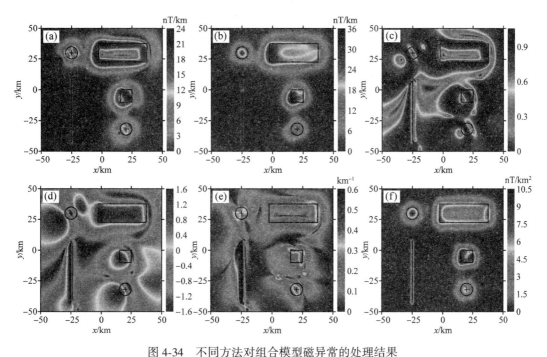

图 4-34　不同方法对组合模型磁异常的处理结果

（a）水平总梯度；（b）解析信号；（c）Theta map；（d）Tilt 梯度；（e）Tilt 梯度水平导数模；
（f）方向 Tilt 梯度水平总梯度

4.5.3　实际资料应用

为了验证本文方法的实用性，对中国内蒙古塔木素地区的航磁数据进行处理与解释。图 4-35 为研究区的地质概况图（图中蓝色虚线圈闭代表下文重点研究对比区域），可以看出，研究区整体划分为两部分：西北部的火山岩分布区和中部及东南部的沉积岩分布区，在沉积岩分布区内还零星分布着火山岩，部分沉积层中也含有火山岩成分。火山岩一般具有较强的磁性，尤其闪长岩磁性更明显；沉积岩一般无磁性或磁性较弱，但含有火成岩成分的沉积岩也表现出一定的磁性。另外，图 4-35 中还展示了地震解译的断裂构造及断裂倾向，这些地质和地震资料为方法试验提供了较好的对比依据。

图 4-36（a）为网格间距为 1 km 的航磁异常图，可见研究区北部及东南地区以高磁异常为主，西南部为磁异常低值区，磁异常的高低分布与地质图中的火山岩和沉积岩分布并无明显的对应关系，可能是原始磁异常受磁化角度影响导致的。为了提高磁场数据的地质解释能力，选择受磁化角度影响较小的解析信号和 Tilt 梯度的水平导数模及新提出的方向 Tilt 梯度水平导数模对磁异常进行处理，计算结果分别见图 4-36（b）（d），图中黑色实线和虚线代表已知断裂和地震推断断裂，黑色箭头是地震推断的断裂倾向方向，深蓝色实线圈闭代表磁性相对较强的地质单元，白色实线代表西北火山岩地区与沉积岩地区的分界线，蓝色虚线代表重点研究区域，白色虚线代表 THSθ 推断断

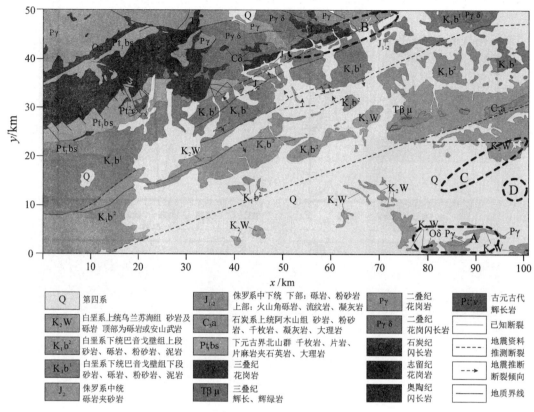

图 4-35　内蒙古塔木素地区地质图

裂带。解析信号［图 4-36（b）］整体表现为西北高和中部及东南部低的特征，与地质
图中的火山岩与沉积岩分布均有良好的对应性。中部及东南部还存在局部高值，可能
是火山岩或含火山岩成分的沉积岩引起的，但解析信号对弱信号的识别能力较差，异
常细节模糊。Tilt 梯度的水平导数模［图 4-36（c）］获得了丰富的异常细节信息，异
常圈闭走向与地质单元分布及断裂构造走向具有一定的相关性，但计算结果中可能存
在虚假信息，例如在西部火山岩与沉积岩的分界线以南，Tilt 梯度水平导数模的信号强
弱与地质体的磁性高低相反。方向 Tilt 梯度水平导数模［图 4-36（d）］获得了较为丰
富的异常细节信息，看起来是对解析信号中弱信号的强化，但相对解析信号还获得了
更多的异常信息。

　　为了更为详细地对比三种方法的效果，进一步分析一些详细的异常特征，选定了
图 4-35 中蓝色虚线圈定的 A、B、C、D 等 4 个区域。A 区内存在花岗岩、闪长岩等高
磁性物质，沉积岩乌兰苏海组（K_2W）因含有火山岩成分也具有一定磁性，因此 A 区
相对周围的沉积岩应表现出高磁异常，Tilt 梯度的水平导数模和方向 Tilt 梯度水平导数
模可以有效识别，但解析信号仅反映出了少量的局部信息，仅在地表出露的火山岩上
方显示出较弱的异常；B 区为火山岩分布区，以闪长岩为主，因此也是一个高磁异常
区。解析信号和方向 Tilt 梯度水平导数模的识别效果较好，均展示出大面积的高值区，

但 Tilt 梯度的水平导数模不仅异常信号较弱，且反映的火山岩分布范围远小于实际分布范围；C 区地表主要是第四系沉积，解析信号和方向 Tilt 梯度水平导数模均无明显的信号显示，而 Tilt 梯度的水平导数模却展示了一条东北走向的带状异常，很可能是虚假信息；D 区地表为第四系沉积，解析信号与方向 Tilt 梯度水平导数模均表现出高值异常，推断地下存在着隐伏高磁性岩体，然而 Tilt 梯度的水平导数模却没有明显的异常显示。

上述对比分析结果表明，解析信号可以较好地识别规模较大、埋深较浅的磁性体，但对弱磁异常识别能力欠佳；Tilt 梯度的水平导数模可以获得丰富的异常细节信息，但存在虚假异常；方向 Tilt 梯度的水平导数模则弥补了上述两种方法的不足，获得了更丰富、准确的异常细节信息。

由于方向 Tilt 梯度的水平导数模具有更强的异常识别效果，下面依据该方法的处理结果进行简单的地质解释。

将方向 Tilt 梯度水平导数模的处理结果［图 4-36（d）］与地质图（图 4-35）进行对比可以发现，在沉积岩分布区内，断裂构造附近，方向 Tilt 梯度水平导数模都表现出明显的异常，且这些异常信号恰出现在构造倾向方向上，因此认为断裂构造带是磁性物质来源的一个通道，即方向 Tilt 梯度水平导数模图上具有一定走向的异常圈闭应与断裂带有关。以此为特征可以进行隐伏断裂带的推断，如图 4-36（d）中部的白色虚线可认为是前人推断断裂带（红色箭头指示）在西侧的延续。在研究区东南部，高值区范围远大于地表零星分布的火山岩或含有火山成分沉积岩的分布范围，因此推断地下存在大规模的隐伏高磁性岩体，甚至地表零星分布的火山岩在地下可能是连通的，这有待后续研究的证实。

4.5.4　本节小结

强剩磁条件下的磁异常解释一直是磁法勘探的一个难点，在 Tilt 梯度法的基础上，推导出一种新的三维磁异常解释方法——方向 Tilt 梯度的水平导数模。该方法无须化极处理，可以较好地反映地质体的实际平面位置。模型试验表明，相对于其他常用的磁异常数据处理方法来说，方向 Tilt 梯度的水平导数模可以更准确、清晰地反映异常体的边界或质心的平面位置，且处理结果不会引入虚假信息。在中国内蒙古塔木素地区的航磁资料应用中，本文方法获得了更丰富、准确且清晰的异常细节信息，与已知地质资料、地震解译结果吻合较好，有效佐证了方法的适用性。

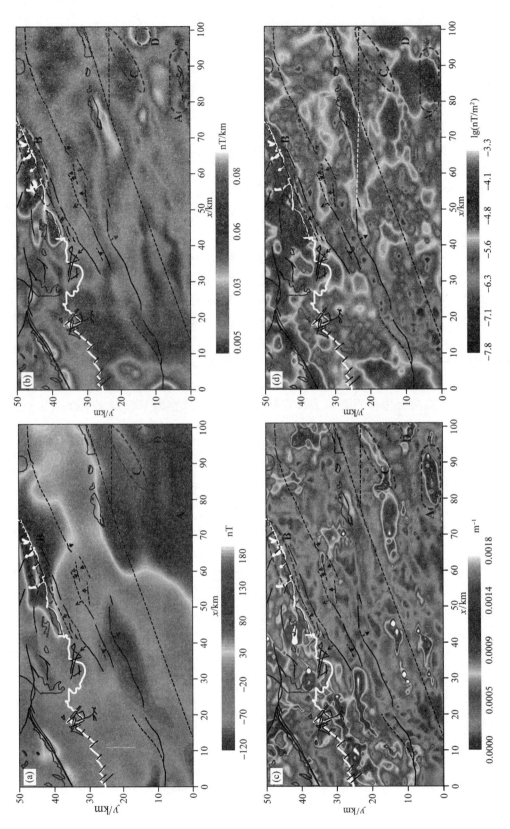

图4-36 实际航磁数据计算结果

(a) 原始磁异常；(b) 解析信号；(c) Tilt梯度的水平导数模；(d) 方向Tilt梯度水平导数模

第5章 位场场源参数快速估计方法

5.1 重力梯度全张量解析信号的重力源参数估计

地质体参数反演是重力资料解释的常用手段，建立在异常函数与地质体参数（水平位置、埋深、几何形状、剩余密度等）的反演算法物理意义明确，但事实上较为复杂地质体的重力异常公式复杂，因此这类算法在反演是可能存在反演解误差偏大，甚至得出错误的解释。在一些文献中[5,244]，重力异常常统一表示为：

$$V_z(x, y, z) = \Delta g(x, y, z) = \frac{k(z_0 - z)}{\left[(x - x_0)^2 + (y - y_0)^2 + (z - z_0)^2\right]^{(N+1)/2}} \tag{5-1}$$

其中，k 是与地质体密度 ρ 有关的参数；(x_0, y_0, z_0) 是场源的中心位置，N 是构造指数。当 $N=0$ 时，代表岩脉、台阶或垂直圆柱体；$N=0.5$ 时代表薄板；$N=1$ 时为水平圆柱体，$N=2$ 时为球体。事实上，公式（5-1）其实对于大多数形态的地质体来说都属不适合的，且构造指数大小与地质体形态也存在认识上的偏差，比如台阶、岩脉、垂直圆柱体等重力公式完全不同，不可能对应着同样的构造指数与重力场。基于此，提出了更合适的重力统一表达式，即重力梯度全张量解析信号，并在此基础上推导出了一种快速估计场源参数的方法。

5.1.1 基本原理

对于二度体异常，解析信号可以用来统一表达重力形式，即：

$$AS(x, z) = \sqrt{V_{xz}^2 + V_{zz}^2} = \frac{k}{\left[(x - x_0)^2 + (z - z_0)^2\right]^{(N+1)/2}} \tag{5-2}$$

但对于三度体异常来说，其实并不能用解析信号来统一描述，如球体：

$$AS(x, y, z) = \sqrt{V_{xz}^2 + V_{yz}^2 + V_{zz}^2} = Gm \frac{\sqrt{(x - x_0)^2 + (y - y_0)^2 + 4(z - z_0)^2}}{\left[(x - x_0)^2 + (y - y_0)^2 + (z - z_0)^2\right]^2} \tag{5-3}$$

其中，V_{xz}、V_{yz}、V_{zz} 是重力异常 x、y、z 三个方向偏导数。

不过，基于重力位 x、y、z 三个方向导数（V_x、V_y、V_z）的解析信号满足：

$$AS_T(x, y, z) = \sqrt{AS_x^2 + AS_y^2 + AS_z^2} =$$

$$\sqrt{(V_{xx}^2 + V_{xy}^2 + V_{xz}^2) + (V_{xy}^2 + V_{yy}^2 + V_{yz}^2) + (V_{xz}^2 + V_{yz}^2 + V_{zz}^2)}$$

$$= \sqrt{(V_{xx}^2 + V_{yy}^2 + V_{zz}^2 + 2V_{xy}^2 + 2V_{xz}^2 + 2V_{yz}^2)} = \frac{Gm\sqrt{6}}{[(x - x_0)^2 + (y - y_0)^2 + (z - z_0)^2]^{(2+1)/2}}$$

$$(5\text{-}4)$$

这里，将 AS_T 称为全张量解析信息信号。

对于半径较小且下底较深的垂直圆柱体：

$$AS_T(x, y, z) = \sqrt{AS_x^2 + AS_y^2 + AS_z^2} = \sqrt{(V_{xx}^2 + V_{yy}^2 + V_{zz}^2 + 2V_{xy}^2 + 2V_{xz}^2 + 2V_{yz}^2)}$$

$$= \frac{G\lambda\sqrt{3}}{[(x - x_0)^2 + (y - y_0)^2 + (z - z_0)^2]^{(2+1)/2}} \quad (5\text{-}5)$$

对于二度体，重力位 x、z 方向导数的解析信号是完全相同的，则有：

$$AS_T(x, z) = \sqrt{AS_x^2 + AS_z^2} = \sqrt{(V_{xx}^2 + V_{xz}^2) + (V_{xz}^2 + V_{zz}^2)} =$$

$$\sqrt{2}AS(x, z) = \frac{\sqrt{2}k}{[(x - x_0)^2 + (z - z_0)^2]^{(N+1)/2}} \quad (5\text{-}6)$$

根据公式（5-4）（5-5）及（5-6），可以将全张量解析信号统一写为：

$$AS_T(x, y, z) = \sqrt{AS_x^2 + AS_y^2 + AS_z^2} = \frac{K}{[(x - x_0)^2 + (y - y_0)^2 + (z - z_0)^2]^{(N+1)/2}}$$

$$(5\text{-}7)$$

其中，K 同样是与地质体密度有关的参数。当 $N=0$ 时，代表水平或垂直岩脉；$N=1$ 时，代表垂直或水平圆柱体；$N=2$ 时代表球体。另外，需要指出的是，当 $N \cong -1$ 时，代表台阶，只是当 $N=-1$ 时上式失去了物理意义，其原因是台阶模型的全张量解析信号 AS_T 并不满足上式，但下文中提及的全张量解析信号的总梯度则对于台阶模型来说具有物理意义。这里还需要说明的是，前人认为水平薄板和垂直岩脉、垂直圆柱体和水平圆柱体的构造指数是不同的，而笔者通过理论研究，认为几何形状一样的，无论是垂直分布还是水平分布，其构造指数均是相同的。

$AS_T(x, y, z)$ 对 x、y、z 三个方向进行求导，得：

$$\frac{\partial AS_T}{\partial x} = \frac{K(N + 1)(x_0 - x)}{[(x - x_0)^2 + (y - y_0)^2 + (z - z_0)^2]^{(N+3)/2}} \quad (5\text{-}8)$$

$$\frac{\partial AS_T}{\partial y} = \frac{K(N + 1)(y_0 - y)}{[(x - x_0)^2 + (y - y_0)^2 + (z - z_0)^2]^{(N+3)/2}} \quad (5\text{-}9)$$

$$\frac{\partial AS_T}{\partial z} = \frac{K(N + 1)(z_0 - z)}{[(x - x_0)^2 + (y - y_0)^2 + (z - z_0)^2]^{(N+3)/2}} \quad (5\text{-}10)$$

则梯度张量解析信号的解析信号振幅可写为：

$$AAS_T = \frac{K}{[(x - x_0)^2 + (y - y_0)^2 + (z - z_0)^2]^{(N+2)/2}} \quad (5\text{-}11)$$

$\mathrm{AAS_T}$ 与 $\mathrm{AS_T}$ 的比值为：

$$\frac{\mathrm{AAS_T}}{\mathrm{AS_T}} = \frac{N+1}{[(x-x_0)^2 + (y-y_0)^2 + (z-z_0)^2]^{1/2}} \tag{5-12}$$

选取两个不同的延拓高度，由：

$$\begin{cases} p_1 = \dfrac{\mathrm{AAS_T}}{\mathrm{AS_T}} = \dfrac{N+1}{[(x-x_0)^2 + (y-y_0)^2 + (z_1-z_0)^2]^{1/2}} \\[3mm] p_2 = \dfrac{\mathrm{AAS_T}}{\mathrm{AS_T}} = \dfrac{N+1}{[(x-x_0)^2 + (y-y_0)^2 + (z_2-z_0)^2]^{1/2}} \end{cases} \tag{5-13}$$

两公式相比，得：

$$\frac{p_1}{p_2} = \frac{[(x-x_0)^2 + (y-y_0)^2 + (z_2-z_0)^2]^{1/2}}{[(x-x_0)^2 + (y-y_0)^2 + (z_1-z_0)^2]^{1/2}} \tag{5-14}$$

当 $x \to x_0$，$y \to y_0$ 时，

$$\frac{p_1}{p_2} = \frac{z_0 - z_2}{z_0 - z_1} \tag{5-15}$$

因此，场源埋深可计算得到：

$$z_0 = \frac{p_1 z_1 - p_2 z_2}{p_1 - p_2} \bigg|_{x \to x_0,\ y \to y_0} \tag{5-16}$$

将 z_0 表达式带入 p_1，可以求取构造指数 N，即：

$$N = \left[p_1 p_2 \frac{z_1 - z_2}{p_1 - p_2} - 1 \right]_{x \to x_0,\ y \to y_0} \tag{5-17}$$

利用全张量解析信号（$\mathrm{AS_T}$）或其解析信号（$\mathrm{AAS_T}$）的极大值可以识别场源的水平位置（x_0，y_0），然后根据不同延拓高度上的 p 值计算得到深度和构造指数。当原始重力异常含有噪声时，可以选择较大的延拓高度来提高反演解的稳定性和可靠性。

5.1.2　模型试验

这里构建了一个二维组合模型和三维组合模型进行方法的有效性试验，同时还对重力异常添加了噪声来测试方法的稳定性与可靠性。

1. 二维组合模型

构建了一个由水平圆柱体、垂直岩脉和水平薄板组成的组合模型，其中水平圆柱体质心深度为 1.5 km，半径 0.5 km，水平位置在 5 km 处；垂直岩脉的上顶深度为 1 km，宽度为 0.1 km，水平位置在 15 km；水平薄板上顶埋深 1 km，下底埋深 1.1 km，宽度 10 km，中心位置在 30 km 处，所有模型的剩余密度都是 1 g/cm³。图 5-1 （a） 是组合模型产生的重力异常，图 5-1 （b） 是重力位的三个二阶导数，图 5-1 （c） 是全张量解析信号及其解析信号振幅，图 5-1 （d） 是反演计算得到的深度和构造指数曲线。可以看出，在圆柱体及垂直岩脉上方和水平薄板边界上方，全张量解析信号及解析信号振幅存在明显的极大值，根据极大值位置可以确定地质体的水平位置，深度和构造指数曲线在 $\mathrm{AAS_T}$ 极大值位置存在极小值，数值基本与理论值相近，但垂直岩脉的深度

误差达 16%，水平薄板左边界的深度误差达 20%。构造指数反演结果同样与理论值比较接近，同样是垂直岩脉和水平薄板左边界的反演误差较大，误差的主要来源是异常叠加引起的。由于平均相对误差为 9.8%，所以反演结果总体来说是可靠的。

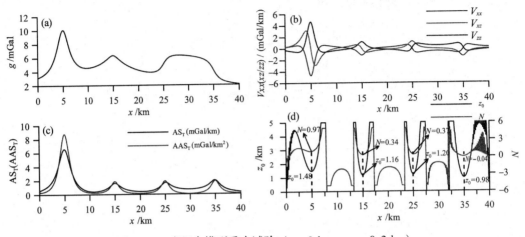

图 5-1 二度组合模型重力试验（$z_1 = 0$ km；$z_2 = -0.2$ km）

（a）V_z；（b）V_{xx}、V_{xz}、V_{zz}；（c）$\mathrm{AS_T}$、$\mathrm{AAS_T}$；（d）z_0 及 N 反演曲线

为了验证方法的稳定性，在上述组合模型重力异常中添加了 0.5% 的随机噪声，图 5-2（a）是添加了噪声后的重力异常，图 5-2（b）是重力位的三个二阶导数，图 5-2（c）是全张量解析信号及其解析信号振幅，可以看出，添加了噪声后，重力位二阶导数及全张量解析信号仅能大致地反映水平圆柱体模型的异常特征，在岩脉和水平薄板上方基本没有有效信号显示。图 5-2（d）是基于全张量解析信号的深度和构造指数反演结果，可以看出，在模型体上方没有明显的极值出现，深度数值基本在 0 值附近波动，与模型体实际深度存在很大偏差；构造指数曲线同样也不存在极值，数值在 $-1 \sim -0.5$ 之间变化，同样与构造指数理论值存在非常大的偏差。

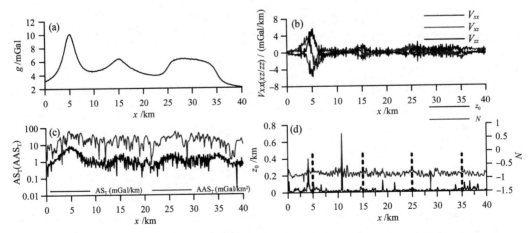

图 5-2 二度组合模型含 0.5% 随机噪声的重力试验（$z_1 = 0$ km；$z_2 = -0.2$ km）

（a）V_z；（b）V_{xx}、V_{xz}、V_{zz}；（c）$\mathrm{AS_T}$、$\mathrm{AAS_T}$；（d）z_0 及 N 反演曲线

为了解决噪声干扰的影响，选取一定延拓高度上的重力进行处理。图 5-3（b）（c）是延拓 5 倍点距的重力位二阶导数、全张量解析信号及其总梯度，可以看出，经过延拓以后，这些异常均提高了稳定性，能够很好地反映模型体的异常特征。图 5-3（d）是选取 $z_1 = -0.5$ km、$z_2 = -0.7$ km 得到的深度和构造指数曲线，可以看出，深度和构造指数曲线变化较大，稳定性仍较差，不过在 AAS_T 极大值附近曲线相对稳定，在 AAS_T 极大值位置对应的深度值与无噪声时的反演结果基本一致，这表明采用一定高度上的重力场进行参数反演估计可以提高稳定性与反演精度。

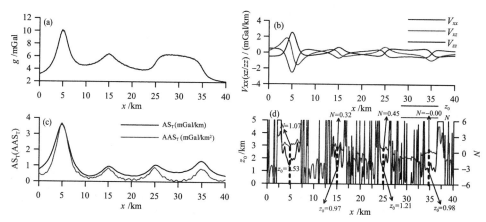

图 5-3　二度组合模型含 0.5% 随机噪声的重力试验（$z_1 = -0.5$ km；$z_2 = -0.7$ km）

（a）V_z；（b）V_{xx}、V_{xz}、V_{zz}；（c）AS_T、AAS_T；（d）z_0 及 N 反演曲线

2. 三维组合模型

这里设计的三维组合模型由一个球体、一个垂直物质线、一个有限长岩脉和一个有限宽薄板组成。其中，球体参数为：质心埋深为 1.5 km，半径为 0.5 km，质心水平位置在（3 km，3 km）处；垂直物质线参数为：上顶埋深为 0.5 km，宽度为 0.1 km，中心水平位置在（15 km，3 km）处；岩脉参数为：上顶埋深为 0.5 km，长 8 km，宽 0.1 km，中心水平位置在（4 km，12 km）处，薄板体参数为：上顶埋深为 1.0 km，长、宽均为 8 km，下底深度为 1.1 km，中心水平位置在（12 km，12 km）处。所有模型的剩余密度均设为 1 g/cm³。图 5-4 是组合模型产生的重力异常，重力异常在所有模型体上方均存在着极值圈闭。图 5-5 是全张量解析信号及其解析信号振幅，两者都可以通过异常极大值反映球体、垂直物质线、垂直岩脉位置及水平薄板边界位置。图 5-6 是基于全张量解析信号的深度及构造指数反演结果，可以看出，在球体、垂直物质线中心、岩脉上方及水平薄板边界上，深度和构造指数存在基本都存在等值线的极小值圈闭，在球体、垂直物质线上的反演深度分别为 1.44 km 和 0.49 km，反演的构造指数分别为 1.88 和 1.06，反演结果在球体和垂直物质线上与理论值非常接近；在岩脉上、薄板体边界上的反演深度分别在 0.53~0.57 km 和 1.12~1.28 km 之间变化，不过大多数都是在 0.53~0.55 km 及 1.12~1.18 km 之间，构造指数则是在 0.22~0.32 和 0.07~0.35，多数位于 0.22~0.26 和 0.07~0.2 之间，同样，在岩脉和水平薄板上的反演结果与理论值也较为接近，这说明该方法对三维叠加模型也有一定效果。

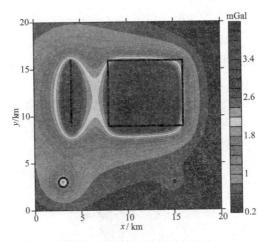

图 5-4　三维组合模型重力异常

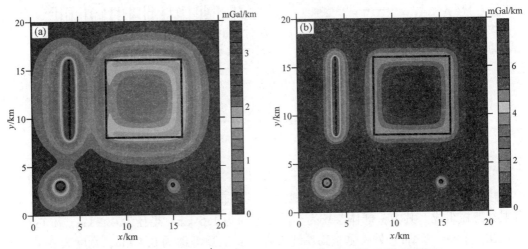

图 5-5　三维组合模型重力梯度全张量解析信号及其解析信号振幅

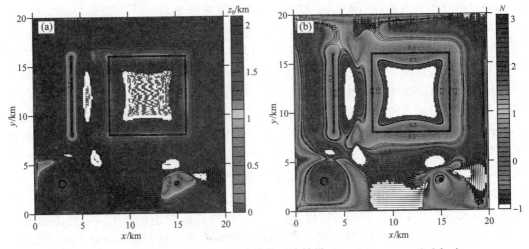

图 5-6　三维组合模型的埋深及构造指数反演结果（$z_1 = 0$ km；$z_2 = -0.2$ km）

5.1.3　实例应用

试验数据选取的是山东玲珑金矿一个采空区矿洞上的重力剖面试验数据，测线长度为 17.5 km，点距 0.1 km。图 5-7（a）是观测获得的相对重力异常，可以看出，剖面上存在两个明显的重力低，是由两个矿洞所引起的。图 5-7（b）是重力位的三个二阶导数，图 5-7（c）是全张量解析信号及其总梯度，可以看出，全张量解析信号在 4.7 km 和 15 km 处存在两个明显的极大值；全张量解析信号的总梯度也在这两处存在明显的极大值，另外，该异常显然受噪声干扰影响严重，存在明显的异常波动现象。图 5-7（d）是利用全张量解析信号反演得到的 z_0 曲线和 N 曲线，在水平位置 4.7 km 和 15 km 处估计深度分别是 260 m 和 270 m，估计的构造指数分别为 0.96 和 1.00，构造指数指示了矿洞可被看作是水平圆柱体。图 5-8 是选择 $z_1 = -0.1$ km 和 $z_2 = -0.3$ km 的试验结果，可以看出重力位的二阶导数、全张量解析信号及其总梯度的异常曲线均较稳定，噪声干扰基本被消除。获得的 z_0 曲线和 N 曲线均在 4.7 km 和 15 km 处存在极小值，分别为 300 m、300 m 和 1.13、1.14。反演出的深度和构造指数与未延拓得到的结果基本完全一致。

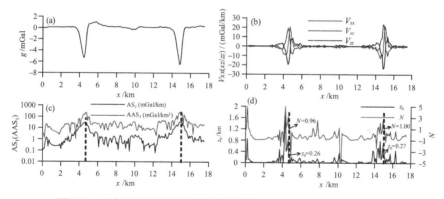

图 5-7　山东玲珑采空区重力剖面试验（$z_1 = 0$ km；$z_2 = -0.2$ km）

（a）V_z；（b）V_{xx}、V_{xz}、V_{zz}；（c）AS_T、AAS_T；（d）z_0 及 N 反演曲线

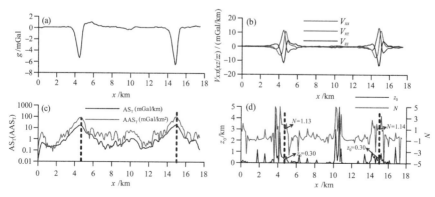

图 5-8　山东玲珑采空区重力剖面试验（$z_1 = -0.1$ km；$z_2 = -0.3$ km）

（a）V_z；（b）V_{xx}、V_{xz}、V_{zz}；（c）AS_T、AAS_T；（d）z_0 及 N 反演曲线

5.2 解析信号对数欧拉反褶积法

磁异常解析信号不受磁化角度影响，而解析信号对数的导数还不受磁化强度的影响，因此解析信号对数更适合于弱磁异常的解释。新方法是通过解析信号对数的垂向导数和水平导数之间关系构建出了一个反演磁源位置参数的方程式和一个反演磁源构造指数的方程式来实现的。

5.2.1 基本原理

解析信号[188]是磁法解释常用的一种方法，其表达式为：

$$As = \sqrt{\left(\frac{\partial T}{\partial x}\right)^2 + \left(\frac{\partial T}{\partial z}\right)^2} \tag{5-18}$$

T 是磁异常。

Macleod 等[99]给出了不同磁源的磁异常解析信号统一表达形式：

$$As = \frac{k}{\left[(x - x_0)^2 + (z - z_0)^2\right]^{(N+1)/2}} \tag{5-19}$$

其中，k 是与磁化强度有关的物理量，N 为构造指数，用来表述磁源的几何形状。$N = 0$ 代表台阶，$N = 1$ 代表岩脉，$N = 2$ 代表水平圆柱体。

解析信号对数可以表示为：

$$LAs = \ln(As) = \ln\left(\frac{k}{\left[(x - x_0)^2 + (z - z_0)^2\right]^{(N+1)/2}}\right) \tag{5-20}$$

其水平导数和垂向导数分别为：

$$\frac{\partial LAs}{\partial x} = -(N+1)\frac{(x - x_0)}{\left[(x - x_0)^2 + (z - z_0)^2\right]} \tag{5-21}$$

$$\frac{\partial LAs}{\partial z} = -(N+1)\frac{(z - z_0)}{\left[(x - x_0)^2 + (z - z_0)^2\right]} \tag{5-22}$$

从公式（5-21）（5-22）可以看出，解析信号对数的导数与 k 无关，因此解析信号对数导数更适合于弱磁异常的解释。

公式（5-21）乘以 $(z-z_0)$ 恰等于公式（5-22）乘以 $(x-x_0)$，即：

$$(x - x_0)\frac{\partial LAs}{\partial z} = (z - z_0)\frac{\partial LAs}{\partial x} \tag{5-23}$$

公式（5-23）可以改写为：

$$x\frac{\partial LAs}{\partial z} - z\frac{\partial LAs}{\partial x} = x_0\frac{\partial LAs}{\partial z} - z_0\frac{\partial LAs}{\partial x} \tag{5-24}$$

可见，公式（5-24）可用来计算场源的位置 (x_0, z_0)。为了实现场源位置参数的计算，

首先需要计算出解析信号对数的水平导数和垂向导数，和给定一个滑动窗口（宽度 $b \geqslant 2$ 倍点距，本文取 $b = 5$ 倍点距），然后将滑动窗口内所有数据点利用公式（5-24）进行计算便可以得到一系列的场源位置解。然而一些不合理的反演解需要剔除，可以删除深度小于零和不满足 $|x_{mid} - x_0| \leqslant d$（$x_{mid}$ 是窗口中心坐标）的反演解。一旦获得了合理的场源位置信息，构造指数可以如下估计。

同样基于公式（5-21）（5-22），还可以得到如下表达式：

$$(x - x_0)\frac{\partial LAs}{\partial x} + (z - z_0)\frac{\partial LAs}{\partial z} = -(N + 1) \tag{5-25}$$

基于公式（5-25），构造指数可以用下述公式计算得到：

$$N = -\sum_{i=1}^{M}\left[(x_i - x_0)\frac{\partial LAs}{\partial x} + (z - z_0)\frac{\partial LAs}{\partial z}\right]/M - 1 \tag{5-26}$$

其中，M 是窗口内的数据点数。为了获得更为合理的计算结果，还可以删除不满足 $-1 < N < 4$ 的反演解。

5.2.2 模型试验

为了验证本文方法的有效性和处理复杂问题的能力，构建了一个包含台阶（模型 A）、近似垂直岩脉（模型 B）、水平圆柱体（模型 C）、水平岩脉（模型 D）和板状体（模型 E）等多个类型磁源的叠加模型。台阶模型 A 顶点位于（10 km，1 km）处，倾角 60°，磁化强度 0.1 A/m；垂直岩脉模型 B 顶点位于（30 km，1 km）处，倾角也是 60°，磁化强度 1 A/m；水平圆柱体模型 C 质心位于（50 km，1 km）处，半径为 0.5 km，磁化强度 1 A/m；水平岩脉模型 D 上顶中心位于（75 km，1 km）处，宽度 10 km，厚度 0.5 km，倾角为 60°，磁化强度为 1 A/m；板状体模型 E 上顶中心位于（105 km，1 km）处，宽度为 10 km，倾角同样设为 60°，磁化强度 0.1 A/m。所有模型体均处于磁化倾角为 60°，磁化偏角为 0° 的地磁场之中。图 5-9（a）是叠加模型的磁异常，图 5-9（b）是磁异常的解析信号及其对数，可以看出解析信号对数更能突出磁化强度相对较弱的模型 A 和 E 的异常，更好地平衡不同强度的磁异常。图 5-9（c）（d）是利用公式（5-24）和公式（5-26）计算得到的磁源位置及构造指数反演解，表 5-1 给出了磁源位置及构造指数的估计值。需要指出的是，模型 D 具有一定的厚度，因此并非严格意义上的薄板；而模型 E 具有一定的宽度，也不是严格意义上的岩脉或台阶，但模型 D 接近于薄板，故认为其构造指数接近于 1，而模型 E 左右两边界可近似于台阶，故认为其构造指数趋于 0。在实际情况，我们认为地下地质体一般情况都具有一定的厚度或宽度，因此实际地质体更近似于模型 D 和 E，所以这里设置的模型具有一定的实际意义。从表 5-1 可以看出，新方法可以较好地反演出所有场源的位置及构造指数，尤其对地质体的水平位置反演精度较高，但模型体 A 和 D 的反演深度与真实值有一定偏差，模型体 B 的反演构造指数与理论值也存在一定偏差，这些误差主要来源叠加异常的影响。

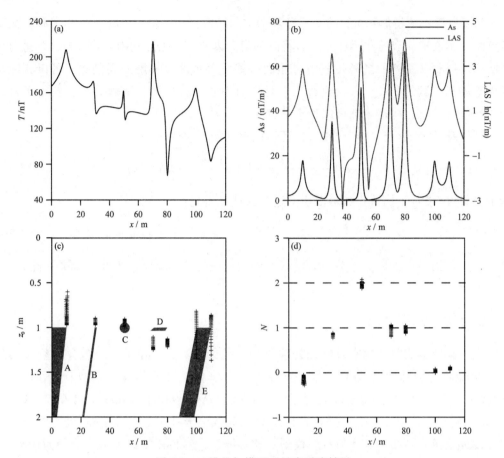

图 5-9　二维叠加模型磁异常反演结果

（a）模型理论磁异常；（b）解析信号及其对数；（c）模型示意图及位置反演解；（d）构造指数反演解

表 5-1　叠加模型理论磁异常及含噪磁异常的反演结果

模型	A	B	C	D		E	
				左边界	右边界	左边界	右边界
理论位置 (x_0, z_0) /km	(10, 1)	(30, 1)	(50, 1)	(70, 1)	(80, 1)	(100, 1)	(110, 1)
理论构造指数	0	1	2	≈1	≈1	≈0	≈0
无噪时场源位置反演解 ［图 5-9 (c)］	10.04±0.20, 0.85±0.10	29.99±0.02, 0.94±0.02	50.02±0.03, 0.95±0.03	69.90±0.03, 1.21±0.04	79.89±0.03, 1.17±0.03	100.06±0.04, 1.03±0.15	109.90±0.05, 1.02±0.16
无噪时场源构造指数反演解 ［图 5-9 (d)］	-0.13±0.07	0.85±0.03	1.94±0.06	0.98±0.08	0.94±0.05	0.02±0.02	0.08±0.02
含噪时场源位置反演解 ［图 5-10 (c)］	9.98±0.07, 0.96±0.16	30.00±0.06, 0.97±0.02	50.01±0.02, 0.89±0.05	69.92±0.06, 1.10±0.06	79.87±0.05, 1.13±0.08	100.17±0.01, 1.12±0.12	109.70±0.06, 0.95±0.10

续表

模型	A	B	C	D		E	
				左边界	右边界	左边界	右边界
含噪时场源构造指数反演解〔图 5-10（d）〕	-0.03±0.08	0.86±0.04	1.76±0.11	0.85±0.09	0.86±0.10	0.09±0.07	0.03±0.11

图 5-10（a）是添加了 1%均匀分布随机噪声的叠加磁异常，为了削弱随机噪声的干扰，首先对磁异常向上延拓 0.5 km。图 5-10（b）是向上延拓 0.5 km 后磁异常的解析信号及其对数图，图 5-10（c）（d）是场源位置及构造指数的反演解，表 1 也给出了含噪磁异常的反演结果。可以看出，当原始异常含有噪声时，反演精度虽然有所下降，不过反演结果仍较可靠，与无噪声时的反演结果基本相当。不过对比图 5-9 和图 5-10 可以看出，反演解的聚集度有所降低。

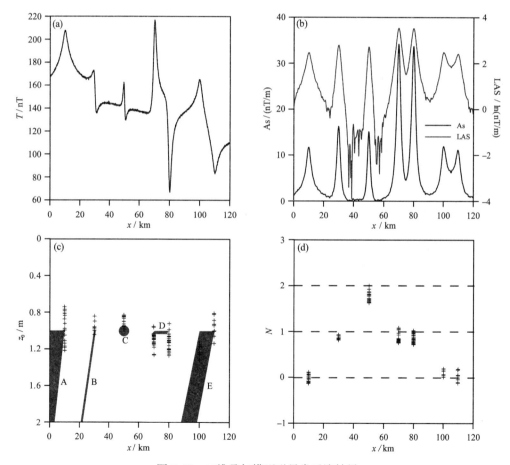

图 5-10　二维叠加模型磁异常反演结果

（a）含 1%噪声磁异常；（b）解析信号及其对数；（c）模型示意图及位置反演；（d）构造指数反演

5.2.3 实例应用

为了检验本文方法的实用性，选取了中国内蒙古某地区的磁剖面进行处理与解释，该地区地表全被第三系、第四系沉积覆盖。图 5-11 是网格化为 100 m×25 m 的地面磁异常等值线图，可以看出，研究区中部存在一条近东西走向的条带磁异常，可能是一条基性岩脉所形成的，经查阅资料发现研究区外围存在高磁性的花岗闪长岩，其主走向方向也是近东西向，因此推测这条磁异常带可能是地下隐伏的花岗闪长岩脉。从磁异常图中选取了两条试验剖面 AA′ 和 BB′，两条剖面磁异常分别见图 5-12（a）和图 5-13（a）。为了削弱浅地表随机干扰影响，对原始磁异常进行了向上延拓 100 m 处理。图 5-12（b）和图 5-13（b）分别是 AA′ 剖面和 BB′ 剖面向上延拓 100 m 磁异常的解析信号及其对数，图 5-12（c）（d）是利用解析信号对数欧拉反褶积法计算得到的 AA′ 剖面的磁源位置和构造指数反演解，图 5-13（c）（d）则是 BB′ 剖面的磁源位置和构造指数反演解。可以看出，AA′ 剖面上反演出了一个位于（4 495.4 m，342.2 m）的岩脉状磁源（反演的构造指数为 1.03），BB′ 剖面则反演出了一个位于（1 038.2 m，155.9 m）的台阶状地质体（反演的构造指数为 0.16），一个位于（4 492.4 m，382.2 m）的岩脉（反演的构造指数为 1.07）和一个位于（5 209.8 m，350 m）的近似岩脉（反演的构造指数为 1.35）。

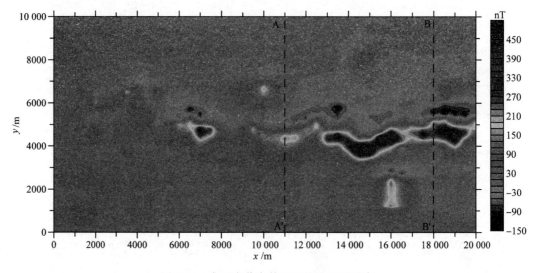

图 5-11　中国内蒙古某地区的地面磁异常

为了说明新方法在实际资料处理中的有效性和优越性，在这里选取了常用的欧拉反褶积法对 AA′ 和 BB′ 剖面磁异常进行了反演计算，反演的位置及构造指数分别见图 5-12（e）(f) 和图 5-13（e）(f)。从图 5-12（e）(f) 可以看出，欧拉反褶积反演 AA′ 剖面得到的场源位置及类型与新方法结果基本完全一致，但反演解的收敛性要低于新方法的。从图 5-13（e）(f) 可以看出，欧拉反褶积反演 BB′ 剖面得到了两个场源，其中位于（1 009.7 m，156.9 m）的场源信息与新方法在相应位置反演得到场源参数基

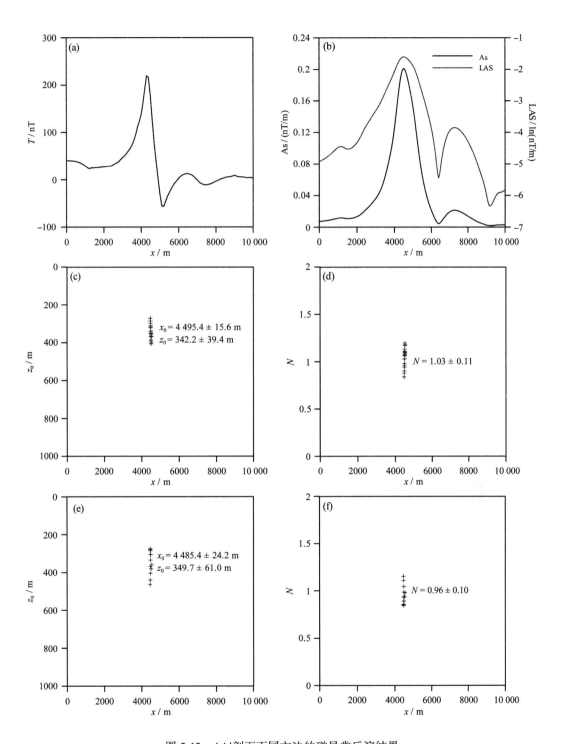

图 5-12　AA′剖面不同方法的磁异常反演结果

（a）AA′剖面磁异常；（b）延拓 100 m 磁异常解析信号及其对数；（c）（d）解析信号对数欧拉反褶积
的磁源位置及构造指数反演解；（e）（f）常规欧拉反褶积反演位置及构造指数解

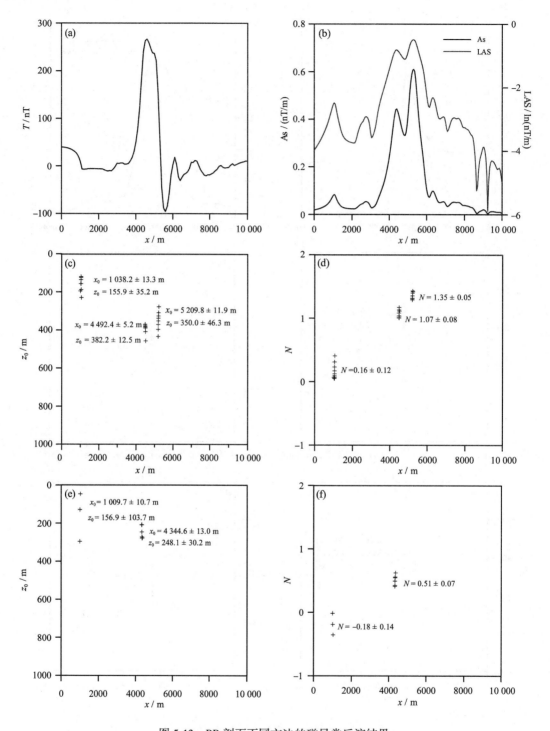

图 5-13　BB 剖面不同方法的磁异常反演结果

（a）AA'剖面磁异常；（b）延拓 100 m 磁异常解析信号及其对数；（c）（d）解析信号对数欧拉反褶积
的磁源位置及构造指数反演解；（e）（f）常规欧拉反褶积反演位置及构造指数解

本一致，但同样反演解的收敛性较差；位于（4 344.6 m，248.1 m）的场源则介于台阶和岩脉之间（反演的构造指数为0.51），该结果与新方法反演的结果完全不一致。通过观察BB′剖面的解析信号及其对数图可知，在水平位置4000～6000 m之间存在两个明显的极大值，显然应是两个磁源，因此认为本文方法反演结果更为合理，而常规欧拉反褶积法可能因两个场源相距较近而无法分辨导致反演失效。

5.2.4　本节小结

本节提出了基于解析信号对数的磁异常解释方法，通过解析信号对数的水平导数和垂向导数之间的相互关系，构建了两个线性方程分别用于计算磁源位置和构造指数，并给出了合理反演解的筛选方案。该方法不仅不受磁化方向影响，而且对磁化强度不敏感，更适合于弱磁异常的解释。理论模型试验表明新方法能有效、准确地获取复杂叠加模型下的场源参数。在实例应用中，将新方法和欧拉反褶积法同时应用于中国内蒙古某地区实测磁数据的处理中，新方法得到的反演解更加收敛，更为合理，更能有效获取地下场源的水平位置、深度及构造指数。

5.3　解析信号倒数欧拉法

基于解析信号振幅的磁源参数估计方法能够快速有效地提供场源的参数信息，然而对深部弱信号的场源识别难度大、反演准确度低。基于此，本节采用了解析信号倒数进行场源参数估计，提高解析信号在深部场源上的识别精度和反演效果。

5.3.1　基本原理

依据公式（5-19），解析信号振幅的倒数可表示为：

$$\text{RAS} = k \left[(x - x_0)^2 + (z - z_0)^2 \right]^{(N+1)/2}, \quad k = \frac{1}{\alpha} \tag{5-27}$$

对解析信号振幅倒数进行x、z方向求导：

$$\frac{\partial \text{RAS}}{\partial x} = k(N + 1)(x - x_0) \left[(x - x_0)^2 + (z - z_0)^2 \right]^{(N-1)/2} \tag{5-28}$$

$$\frac{\partial \text{RAS}}{\partial z} = k(N + 1)(z - z_0) \left[(x - x_0)^2 + (z - z_0)^2 \right]^{(N-1)/2} \tag{5-29}$$

公式（5-28）（5-29）分别乘以$(x-x_0)$$(z-z_0)$，并带入公式（5-27），则有：

$$(x - x_0) \frac{\partial \text{RAS}}{\partial x} + (z - z_0) \frac{\partial \text{RAS}}{\partial z} = (N + 1) \text{RAS} \tag{5-30}$$

公式（5-30）再对x、z求导，得：

$$(x - x_0) \frac{\partial^2 \text{RAS}}{\partial x^2} + (z - z_0) \frac{\partial^2 \text{RAS}}{\partial x \partial z} = N \frac{\partial \text{RAS}}{\partial x} \qquad (5\text{-}31)$$

$$(x - x_0) \frac{\partial^2 \text{RAS}}{\partial x \partial z} + (z - z_0) \frac{\partial^2 \text{RAS}}{\partial z^2} = N \frac{\partial \text{RAS}}{\partial z} \qquad (5\text{-}32)$$

公式（5-31）（5-32）分别除以 $\frac{\partial^2 \text{RAS}}{\partial x \partial z}$ 和 $\frac{\partial^2 \text{RAS}}{\partial z^2}$，然后相减，得：

$$x - x_0 = N \frac{\left[\dfrac{\partial \text{RAS}}{\partial x} \dfrac{\partial^2 \text{RAS}}{\partial z^2} - \dfrac{\partial \text{RAS}}{\partial z} \dfrac{\partial^2 \text{RAS}}{\partial x \partial z} \right]}{\left[\dfrac{\partial^2 \text{RAS}}{\partial x^2} \dfrac{\partial^2 \text{RAS}}{\partial z^2} - \left(\dfrac{\partial^2 \text{RAS}}{\partial x \partial z} \right)^2 \right]} \qquad (5\text{-}33)$$

公式（5-31）（5-32）分别再除以 $\frac{\partial^2 \text{RAS}}{\partial x^2}$ 和 $\frac{\partial^2 \text{RAS}}{\partial x \partial z}$，相减得：

$$z - z_0 = N \frac{\left(\dfrac{\partial \text{RAS}}{\partial x} \cdot \dfrac{\partial^2 \text{RAS}}{\partial x \partial z} \right) - \left(\dfrac{\partial^2 \text{RAS}}{\partial x^2} \cdot \dfrac{\partial \text{RAS}}{\partial z} \right)}{\left(\dfrac{\partial^2 \text{RAS}}{\partial x \partial z} \right)^2 - \left(\dfrac{\partial^2 \text{RAS}}{\partial x^2} \cdot \dfrac{\partial^2 \text{RAS}}{\partial z^2} \right)} \qquad (5\text{-}34)$$

$$令 \ p = \frac{\left(\dfrac{\partial \text{RAS}}{\partial x} \cdot \dfrac{\partial^2 \text{RAS}}{\partial z^2} \right) - \left(\dfrac{\partial \text{RAS}}{\partial z} \cdot \dfrac{\partial^2 \text{RAS}}{\partial x \partial z} \right)}{\left(\dfrac{\partial^2 \text{RAS}}{\partial x^2} \cdot \dfrac{\partial^2 \text{RAS}}{\partial z^2} \right) - \left(\dfrac{\partial^2 \text{RAS}}{\partial x \partial z} \right)^2} , \ q = \frac{\left(\dfrac{\partial \text{RAS}}{\partial x} \cdot \dfrac{\partial^2 \text{RAS}}{\partial x \partial z} \right) - \left(\dfrac{\partial^2 \text{RAS}}{\partial x^2} \cdot \dfrac{\partial \text{RAS}}{\partial z} \right)}{\left(\dfrac{\partial^2 \text{RAS}}{\partial x \partial z} \right)^2 - \left(\dfrac{\partial^2 \text{RAS}}{\partial x^2} \cdot \dfrac{\partial^2 \text{RAS}}{\partial z^2} \right)} ,$$

上面两式可改写为：$x - x_0 = Np$，$z - z_0 = Nq$，代入公式（5-30），则有：

$$N = \frac{\text{RAS}}{\left[p \dfrac{\partial \text{RAS}}{\partial x} + q \dfrac{\partial \text{RAS}}{\partial z} \right] - \text{RAS}} \qquad (5\text{-}35)$$

将公式（5-35）代入公式（5-31）（5-32）中，得：

$$(x - x_0) \frac{\partial^2 \text{RAS}}{\partial x^2} + (z - z_0) \frac{\partial^2 \text{RAS}}{\partial x \partial z} = \frac{\text{RAS}}{\left[p \dfrac{\partial \text{RAS}}{\partial x} + q \dfrac{\partial \text{RAS}}{\partial z} \right] - \text{RAS}} \cdot \frac{\partial \text{RAS}}{\partial x} \qquad (5\text{-}36)$$

$$(x - x_0) \frac{\partial^2 \text{RAS}}{\partial x \partial z} + (z - z_0) \frac{\partial^2 \text{RAS}}{\partial z^2} = \frac{\text{RAS}}{\left[p \dfrac{\partial \text{RAS}}{\partial x} + q \dfrac{\partial \text{RAS}}{\partial z} \right] - \text{RAS}} \cdot \frac{\partial \text{RAS}}{\partial z} \qquad (5\text{-}37)$$

显然，可以利用公式（5-35）直接计算构造指数，利用公式（5-36）（5-37）估计场源位置。为了使计算结果更加合理，可以在使用窗口数据构建超定方程组进行反演。当然，还需要添加一些筛选机制来提出不合理的反演解：1）当反演解与解析信号振幅极大值距离超过选用窗口长度时，删除这些反演解；2）当反演位置在测区以外时，反演深度小于零时，反演构造指数小于−1或大于4时，这些反演解将被舍弃；3）经过上述筛选后，再进行一次窗口检测，如果窗口内的反演解个数为1，则删除该反演解。

由于使用了磁异常三阶导数，所以该方法对噪声较为敏感。为了削弱噪声的影响，很多地球物理工作者都使用了向上延拓来提供反演的稳定性[170,176]，然而向上延拓会使得不同场源的异常相互叠加，降低异常分辨率，导致反演结果精度降低。这里建议使用侯重初提出的补偿圆滑滤波法[52]来进行异常圆滑处理，其波数域的表达式为：

$$\varphi = 1 - (1 - e^{-wz})^n \tag{5-38}$$

其中，w 是圆波数，z 是向上延拓高度，n 是迭代次数。

图 5-14 给出了向上延拓和补偿圆滑滤波的频率响应曲线。可以看出，延拓点距较小时（0.1 km），向上延拓并未对高频进行有效压制，因此削弱噪声影响的能力较低；当延拓点距较大时（0.5 km 或 1 km），虽然对高频成分进行了有效压制，却同时对中低频成分进行了削弱，即在一定程度上会降低异常分辨率。补偿圆滑滤波则可以看作是一个带通滤波器，能够有效地保留中低频信号的同时，显著地压制高频成分，因此更适合于削弱噪声影响及保留有用信息。

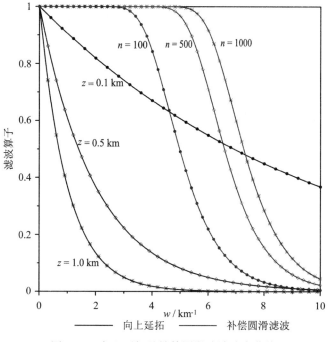

图 5-14　向上延拓及补偿圆滑滤波响应曲线

5.3.2　模型试验

首先采用一个单一岩脉模型来验证算法的正确性，然后使用叠加模型的理论磁异常和含噪异常检验方法的适用性，并与常规欧拉反褶积和解析信号欧拉反褶积进行对比分析，验证方法的优越性。

1. 岩脉模型

选取剖面长度为 100 km，点距 0.1 km。岩脉位于测线中间（50 km），上顶埋深为

1 km，厚度为 20 m，磁化强度为 10 A/m，磁化倾角为 45°。图 5-15（a）是岩脉模型的磁异常，图 5-15（b）是解析信号振幅倒数，可以看出，其极小值对应着岩脉位置。图 5-15（c）（d）是选取窗口长度为 1 km 的构造指数与场源位置反演结果。可以看出，在无噪声情况，对于单一场源的反演完全与理论值相同，这表明了方法的正确性。图 5-16（a）是添加了 1 nT 随机噪声的磁异常，图 5-16（b）则是迭代次数 800 补偿圆滑滤波后磁异常的解析信号倒数。图 5-16（c）（d）是选取窗口长度为 1 km 的构造指数与场源位置反演结果。图 5-16（e）是反演的构造指数和埋深与迭代次数的关系曲线，可以看出，随着迭代次数的增加，反演深度逐渐收敛于 0.94 km，构造指数也基本上收敛在 0.94。可以看出，添加噪声后，虽然反演精度有所降低，但反演结果仍较接近于理论值。

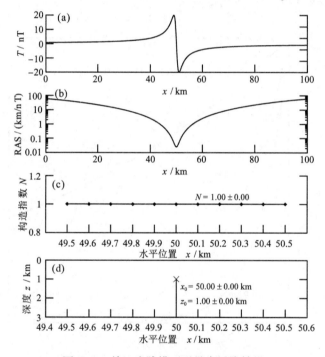

图 5-15　单一岩脉模型磁异常反演结果

（a）岩脉模型磁异常；（b）解析信号振幅倒数；（c）构造指数反演解；（d）场源位置反演解

2. 组合模型

组合模型包含了 3 个岩脉和 1 个水平圆柱体，所有模型体的磁化强度均为 10 A/m，磁化倾角为 45°，3 个岩脉的宽度均为 20 m，圆柱体半径为 0.5 km。第 1 个岩脉是垂直分布的，位于 10 km 处，上顶埋深 2 km；第 2 个岩脉向北倾斜 45°，位于 20 km 处，上顶埋深 1.5 km；第 3 个岩脉同样向北倾斜 45°，位于 30 km 处，上顶埋深 1 km；水平圆柱体位于 40 km 处，中心埋深为 3 km。图 5-17（a）是组合模型产生的磁异常，图 5-17（b）给出了解析信号及其倒数。图 5-17（c1）（c2）是常规欧拉反褶积的位置及构造指数反

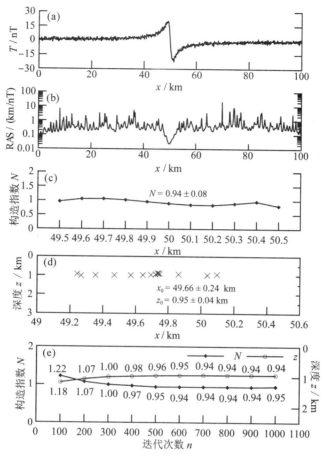

图 5-16　单一模型含噪磁异常反演结果

（a）含 1 nT 噪声磁异常；（b）补偿圆滑滤波后解析信号倒数；（c）构造指数反演解；
（d）场源位置反演解；（e）场源深度及构造指数估计值随迭代次数的变化曲线

演结果，可以看出，该方法对埋深较大的第 1 个岩脉和圆柱体，反演的深度及构造指
数与真值存在较大偏差。图 5-17（d1）（d2）是解析信号欧拉反褶积的反演解分布图，
可以看出该方法较好地反演出了埋深较大的第 1 个岩脉和圆柱体，但是在圆柱体位置
反演出了 1 个构造指数为 3.09 的虚假磁源。图 5-17（e1）（e2）是新方法的磁源深度
及构造指数反演结果，可以看出该方法能够很好地反演出所有模型体的位置及构造指
数，尤其对埋深最大的圆柱体上的反演精度远远高于前两种方法的，反演误差是因场
源的异常叠加引起的。

　　图 5-18（a）是添加了 1%随机噪声的组合模型磁异常，图 5-18（b）是迭代 900 次
补偿圆滑滤波后磁异常的解析信号及其倒数，可以看出，补偿圆滑滤波较好地去除了
噪声干扰，异常幅值也获得了很好的保留。图 5-18（c1）（c2）是常规欧拉法的反演结
果，可以看出，反演结果与无噪声的基本接近，但误差显然有所增加；图 5-18（d1）
（d2）则是解析信号欧拉反褶积的场源参数反演结果，可以看出，虽然在圆柱体位置不

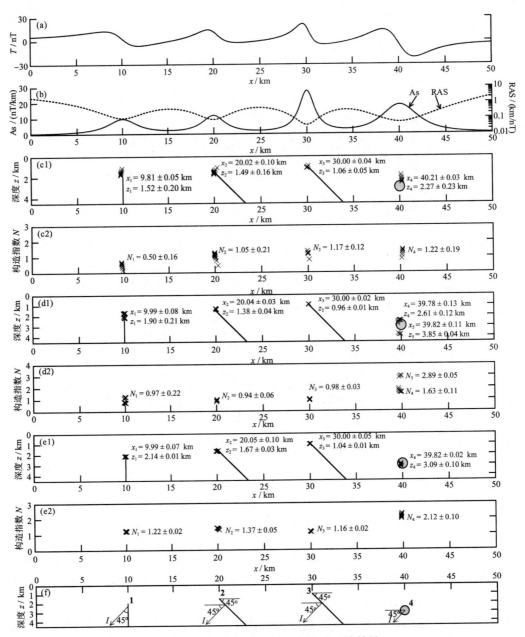

图 5-17 组合模型磁异常不同方法反演结果

（a）组合模型磁异常；（b）解析信号及其倒数；（c1）（c2）常规欧拉反褶积的场源位置及构造指数反演解；
（d1）（d2）解析信号欧拉反褶积的场源位置及构造指数反演解；（e1）（e2）解析信号倒数欧拉法的场源
位置及构造指数反演结果；（f）模型示意图

存在虚假解，但是反演误差却比无噪声时大大增加；图 5-19 是不同迭代次数补偿圆滑
滤波后解析信号倒数欧拉法在不同模型上的反演结果，可以看出，反演的深度及构造
指数在所有模型体上，均是随着迭代次数的增加而逐渐趋于收敛，当迭代次数达到 900

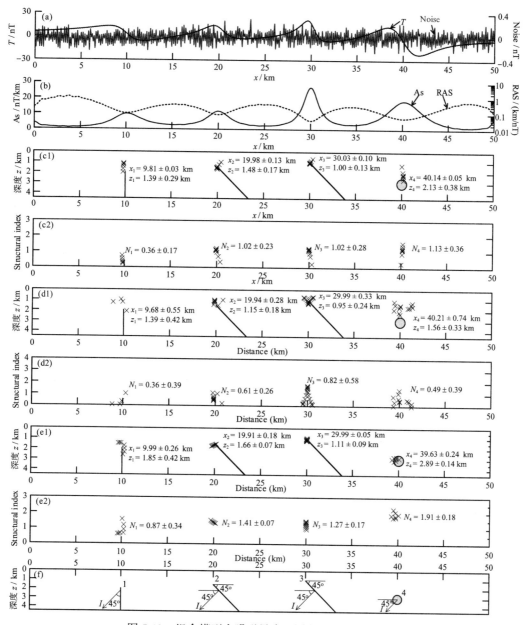

图 5-18　组合模型含噪磁异常不同方法的反演结果

（a）含 1%噪声的磁异常；（b）解析信号及其倒数；（c1）（c2）常规欧拉反褶积的场源位置及构造指数反演解；
（d1）（d2）解析信号欧拉反褶积的场源位置及构造指数反演解；（e1）（e2）解析信号倒数欧拉法的
场源位置及构造指数反演结果；（f）模型示意图

时，基本所有的反演参数都已收敛，这也是图 5-18（b）中异常圆滑选择迭代次数为 900 的原因。图 5-18（e1）（e2）是解析信号倒数欧拉法的反演结果，可以看出，新方法的反演精度远远高于前两种方法的，尤其在深部场源上；而且反演解的聚集度也更高。

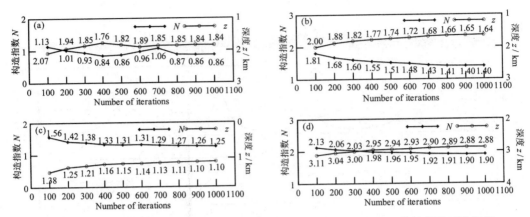

图 5-19 不同迭代次数补偿圆滑滤波后解析信号倒数欧拉法的深度及构造指数反演结果

(a) 第1个岩脉；(b) 第2个岩脉；(c) 第3个岩脉；(d) 水平圆柱体

上述实验表明，解析信号倒数欧拉法具有更高的反演精度和反演解聚集度，尤其对深部场源，这较好地解决了解析信号在深部场源反演精度低的问题。

5.3.3 实例应用

这里选取了内蒙古乌拉特中旗某地区的地面磁异常进行试算。图 5-20 是网格密度为 250 m×50 m 的磁异常，图中存在一条明显的近东西向分布的带状磁异常，但该区域地表全部被新生代沉积地层所覆盖，不过研究区西侧存在磁性较高的花岗闪长岩，其分布同样是近东西展布的，因此推断图 5-20 中的条带状磁异常可能是地下隐伏的花岗闪长岩引起的。选取了图 5-20 中的 AA′剖面作为试验剖面，图 5-21（a）中给出了该剖面的磁异常及补偿圆滑滤波迭代 800 次后的解析信号振幅倒数，可以看出，磁异常的最大值与解析信号倒数的最小值在水平位置上基本完全一致，这主要是因该地区处于中高纬度，磁化倾角较大。图 5-21（b）是基于解析信号倒数的反演结果随迭代次数的变化曲线，可以看出，当迭代次数到达 800 后，反演的构造指数收敛于 1.1，深度收敛于 596 m。图 5-21（c）（d）是新方法反演得到的场源构造指数与深度，反演的构造指数表明地下的场源趋于岩脉状，认为是地下的花岗闪长岩呈脉状分布。

图 5-20 内蒙古乌拉特中旗某地区的地面磁异常

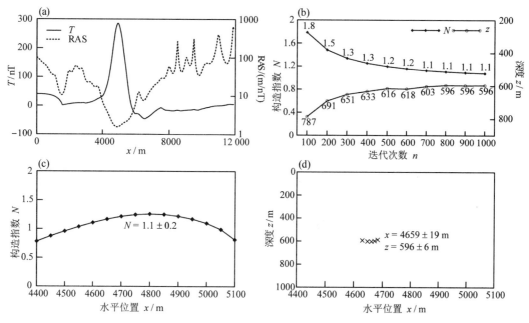

图 5-21　解析信号倒数欧拉法在 AA′磁剖面上的反演结果
（a）磁异常及解析信号倒数（迭代次数 800）；（b）深度及构造指数反演值与补偿圆滑
滤波迭代次数的关系曲线；（c）构造指数反演解；（d）场源位置反演解

5.3.4　本节小结

本节通过对解析信号倒数进行导数处理后构造出了一个基于解析信号倒数的欧拉
方程式，并在该方程式上进行水平与垂向方向上求导，并结合两者关系，构建出了构
造指数的求解公式和含场源位置的方程组，由此提出了解析信号倒数欧拉法。通过模
型试验证实了新方法具有较高的反演精度与反演解的聚集度，尤其该方法在深部场源
上的反演精度远远高于常规欧拉反褶积和解析信号欧拉反褶积法的。

5.4　三维磁异常反演的方向 Tilt-Euler 法

三维磁异常快速反演是磁法勘探进行地质解释的一项重要工作。在前文提及的方
向 Tilt 梯度基础上，对方向 Tilt 梯度进行导数处理，并进行合理改进，得到了 6 个改进
的方向 Tilt 梯度导数，丰富了不同方向上的磁异常信息。对常规欧拉反褶积方程进行三
方向求导，所构成的方程组与 6 个改进的方向 Tilt 梯度导数进行结合，从而构建出了两
个基于方向 Tilt 梯度导数的快速反演方程式（方向 Tilt-Euler 法），用于反演场源的位置
参数。另外，将三个方向导数下的欧拉反褶积进行平方和及均方根处理，得到了场源
构造指数的求解公式。

5.4.1 基本原理

1. 方向 Tilt 梯度导数

对公式（4-38）（4-39）分别求 x，y，z 三个方向的导数，则得：

$$
\begin{cases}
\theta_x^x = \left(\dfrac{\partial^2 T}{\partial x \partial z}\dfrac{\partial T}{\partial x} - \dfrac{\partial T}{\partial z}\dfrac{\partial^2 T}{\partial x^2}\right) \Big/ \left[\left(\dfrac{\partial T}{\partial x}\right)^2 + \left(\dfrac{\partial T}{\partial z}\right)^2\right] \\[2ex]
\theta_y^x = \left(\dfrac{\partial^2 T}{\partial y \partial z}\dfrac{\partial T}{\partial x} - \dfrac{\partial T}{\partial z}\dfrac{\partial^2 T}{\partial x \partial y}\right) \Big/ \left[\left(\dfrac{\partial T}{\partial x}\right)^2 + \left(\dfrac{\partial T}{\partial z}\right)^2\right] \\[2ex]
\theta_z^x = \left(\dfrac{\partial^2 T}{\partial z^2}\dfrac{\partial T}{\partial x} - \dfrac{\partial T}{\partial z}\dfrac{\partial^2 T}{\partial x \partial z}\right) \Big/ \left[\left(\dfrac{\partial T}{\partial x}\right)^2 + \left(\dfrac{\partial T}{\partial z}\right)^2\right] \\[2ex]
\theta_x^y = \left(\dfrac{\partial^2 T}{\partial x \partial z}\dfrac{\partial T}{\partial y} - \dfrac{\partial T}{\partial z}\dfrac{\partial^2 T}{\partial x \partial y}\right) \Big/ \left[\left(\dfrac{\partial T}{\partial y}\right)^2 + \left(\dfrac{\partial T}{\partial z}\right)^2\right] \\[2ex]
\theta_y^y = \left(\dfrac{\partial^2 T}{\partial y \partial z}\dfrac{\partial T}{\partial y} - \dfrac{\partial T}{\partial z}\dfrac{\partial^2 T}{\partial y^2}\right) \Big/ \left[\left(\dfrac{\partial T}{\partial y}\right)^2 + \left(\dfrac{\partial T}{\partial z}\right)^2\right] \\[2ex]
\theta_z^y = \left(\dfrac{\partial^2 T}{\partial z^2}\dfrac{\partial T}{\partial y} - \dfrac{\partial T}{\partial z}\dfrac{\partial^2 T}{\partial y \partial z}\right) \Big/ \left[\left(\dfrac{\partial T}{\partial y}\right)^2 + \left(\dfrac{\partial T}{\partial z}\right)^2\right]
\end{cases}
\tag{5-39}
$$

公式（5-39）中方向 Tilt 梯度 6 个导数的单位为 m^{-1} 或 km^{-1}，并不具备磁异常或磁异常导数的物理意义。为此，对 6 个导数值进行分母均方根处理，则改进后的表达式为：

$$
\begin{cases}
S\theta_x^x = \left(\dfrac{\partial^2 T}{\partial x \partial z}\dfrac{\partial T}{\partial x} - \dfrac{\partial T}{\partial z}\dfrac{\partial^2 T}{\partial x^2}\right) \Big/ \sqrt{\left(\dfrac{\partial T}{\partial x}\right)^2 + \left(\dfrac{\partial T}{\partial z}\right)^2} \\[2ex]
S\theta_y^x = \left(\dfrac{\partial^2 T}{\partial y \partial z}\dfrac{\partial T}{\partial x} - \dfrac{\partial T}{\partial z}\dfrac{\partial^2 T}{\partial x \partial y}\right) \Big/ \sqrt{\left(\dfrac{\partial T}{\partial x}\right)^2 + \left(\dfrac{\partial T}{\partial z}\right)^2} \\[2ex]
S\theta_z^x = \left(\dfrac{\partial^2 T}{\partial z^2}\dfrac{\partial T}{\partial x} - \dfrac{\partial T}{\partial z}\dfrac{\partial^2 T}{\partial x \partial z}\right) \Big/ \sqrt{\left(\dfrac{\partial T}{\partial x}\right)^2 + \left(\dfrac{\partial T}{\partial z}\right)^2} \\[2ex]
S\theta_x^y = \left(\dfrac{\partial^2 T}{\partial x \partial z}\dfrac{\partial T}{\partial y} - \dfrac{\partial T}{\partial z}\dfrac{\partial^2 T}{\partial x \partial y}\right) \Big/ \sqrt{\left(\dfrac{\partial T}{\partial y}\right)^2 + \left(\dfrac{\partial T}{\partial z}\right)^2} \\[2ex]
S\theta_y^y = \left(\dfrac{\partial^2 T}{\partial y \partial z}\dfrac{\partial T}{\partial y} - \dfrac{\partial T}{\partial z}\dfrac{\partial^2 T}{\partial y^2}\right) \Big/ \sqrt{\left(\dfrac{\partial T}{\partial y}\right)^2 + \left(\dfrac{\partial T}{\partial z}\right)^2} \\[2ex]
S\theta_z^y = \left(\dfrac{\partial^2 T}{\partial z^2}\dfrac{\partial T}{\partial y} - \dfrac{\partial T}{\partial z}\dfrac{\partial^2 T}{\partial y \partial z}\right) \Big/ \sqrt{\left(\dfrac{\partial T}{\partial y}\right)^2 + \left(\dfrac{\partial T}{\partial z}\right)^2}
\end{cases}
\tag{5-40}
$$

公式（5-40）中的每一个表达式单位为 nT/m^2 或 nT/km^2，与公式中使用的导数阶次一致。另外，$S\theta_x^x$ 可以突出 x 方向的异常信息，$S\theta_y^y$ 可以突出 y 方向的异常信息。

2. 方向 Tilt-Euler 法

三维欧拉反褶积[135]的公式为：

$$(x - x_0)\frac{\partial T}{\partial x} + (y - y_0)\frac{\partial T}{\partial y} + (z - z_0)\frac{\partial T}{\partial z} = -NT \tag{5-41}$$

其中，x，y，z 是观测点的坐标，x_0，y_0，z_0 是场源的位置坐标，N 是构造指数。公式（5-41）对 x，y，z 三个方向上求导，得：

$$(x - x_0)\frac{\partial^2 T}{\partial x^2} + (y - y_0)\frac{\partial^2 T}{\partial x \partial y} + (z - z_0)\frac{\partial^2 T}{\partial x \partial z} = -(N+1)\frac{\partial T}{\partial x} \tag{5-42}$$

$$(x - x_0)\frac{\partial^2 T}{\partial x \partial y} + (y - y_0)\frac{\partial^2 T}{\partial y^2} + (z - z_0)\frac{\partial^2 T}{\partial y \partial z} = -(N+1)\frac{\partial T}{\partial y} \tag{5-43}$$

$$(x - x_0)\frac{\partial^2 T}{\partial x \partial z} + (y - y_0)\frac{\partial^2 T}{\partial y \partial z} + (z - z_0)\frac{\partial^2 T}{\partial z^2} = -(N+1)\frac{\partial T}{\partial z} \tag{5-44}$$

公式（5-44）乘以 $\frac{\partial T}{\partial x}$ 与公式（5-42）乘以 $\frac{\partial T}{\partial z}$ 相减，得：

$$(x - x_0)\left(\frac{\partial^2 T}{\partial x \partial z}\frac{\partial T}{\partial x} - \frac{\partial T}{\partial z}\frac{\partial^2 T}{\partial x^2}\right) + (y - y_0)\left(\frac{\partial^2 T}{\partial y \partial z}\frac{\partial T}{\partial x} - \frac{\partial T}{\partial z}\frac{\partial^2 T}{\partial x \partial y}\right) +$$
$$(z - z_0)\left(\frac{\partial^2 T}{\partial z^2}\frac{\partial T}{\partial x} - \frac{\partial T}{\partial z}\frac{\partial^2 T}{\partial x \partial z}\right) = 0 \tag{5-45}$$

公式（5-44）乘以 $\frac{\partial T}{\partial y}$ 与公式（5-43）乘以 $\frac{\partial T}{\partial z}$ 相减，得：

$$(x - x_0)\left(\frac{\partial^2 T}{\partial x \partial z}\frac{\partial T}{\partial y} - \frac{\partial T}{\partial z}\frac{\partial^2 T}{\partial x \partial y}\right) + (y - y_0)\left(\frac{\partial^2 T}{\partial y \partial z}\frac{\partial T}{\partial y} - \frac{\partial T}{\partial z}\frac{\partial^2 T}{\partial y^2}\right) +$$
$$(z - z_0)\left(\frac{\partial^2 T}{\partial z^2}\frac{\partial T}{\partial y} - \frac{\partial T}{\partial z}\frac{\partial^2 T}{\partial y \partial z}\right) = 0 \tag{5-46}$$

将公式（5-40）中的 6 个表达式带入公式（5-45）和公式（5-46），得：

$$\begin{cases} x_0 \cdot S\theta_x^x + y_0 \cdot S\theta_y^x + z_0 \cdot S\theta_z^x = x \cdot S\theta_x^x + y \cdot S\theta_y^x + z \cdot S\theta_z^x \\ x_0 \cdot S\theta_x^y + y_0 \cdot S\theta_y^y + z_0 \cdot S\theta_z^y = x \cdot S\theta_x^y + y \cdot S\theta_y^y + z \cdot S\theta_z^y \end{cases} \tag{5-47}$$

公式（5-47）即为方向 Tilt-Euler 反演方程组，该方程组可以反演得到场源的位置信息。

将公式（5-42）（5-43）和公式（5-44）两边取平方，相加后取平方根，则得构造指数计算公式：

$$N = \frac{1}{M}\sum_{i=1}^{i=M} \frac{\sqrt{\begin{array}{l}\left((x_i - x_0)\frac{\partial^2 T}{\partial x^2} + (y_i - y_0)\frac{\partial^2 T}{\partial x \partial y} + (z - z_0)\frac{\partial^2 T}{\partial x \partial y}\right)^2 + \\ \left((x_i - x_0)\frac{\partial^2 T}{\partial x \partial z} + (y_i - y_0)\frac{\partial^2 T}{\partial y^2} + (z - z_0)\frac{\partial^2 T}{\partial y \partial z}\right)^2 + \\ \left((x_i - x_0)\frac{\partial^2 T}{\partial x \partial z} + (y_i - y_0)\frac{\partial^2 T}{\partial y \partial z} + (z - z_0)\frac{\partial^2 T}{\partial z^2}\right)^2\end{array}}}{As_i} - 1 \tag{5-48}$$

其中，解析信号 $As = \sqrt{\left(\frac{\partial T}{\partial x}\right)^2 + \left(\frac{\partial T}{\partial y}\right)^2 + \left(\frac{\partial T}{\partial z}\right)^2}$，$(x_i, y_i)$ 是计算窗口中的第 i 点坐标，

M 为计算窗口的总点数。

为了提高反演解的可靠性与准确度，需要剔除虚假解或偏差较大的反演解。由于方向 Tilt 梯度水平导数模 THSθ［公式（4-44）］极大值可作为磁性体的有效水平位置，因此可以剔除距离 THSθ 极大值较远的反演解，另外，反演解还需要满足反演深度大于 0，构造指数不小于−1，不大于 4。

5.4.2 模型试验

首先设计一个磁化倾角为 60°、磁化偏角为 15° 的单一长方体模型来验证方法的正确性。模型体的长宽分别为 20 km，上顶的埋深为 1 km，下底的埋深为 20 km，磁化强度为 1 A/m。图 5-22 为原始磁异常图，其中网格间距为 0.5 km×0.5 km。图 5-23 为单一长方体模型磁异常方向 Tilt 梯度的 6 个改进导数异常，可以看出，$S\theta_x^x$ 突出的是地质体 y 方向的边界，$S\theta_y^x$ 突出的则是长方体的四个角点，$S\theta_z^x$ 异常主要分布在长方体 y 方向边界左右，边界上的异常值基本接近 0 值；$S\theta_x^y$ 在一定程度上也是反映的是 y 方向边界，$S\theta_y^y$ 则明显突出了 x 方向上的边界，$S\theta_z^y$ 异常则主要分布在场源边界附近，边界上异常值同样接近于 0 值。图 5-24 是方向 Tilt 梯度水平导数模和方向 Tilt-Euler 法计算结果。可以看出，方向 Tilt 梯度水平导数模可以有效地识别场源边界，方向 Tilt-Euler 法获得了较为准确的场源位置及构造指数等参数。这表明基于方向 Tilt 梯度的算法可以完成斜磁化磁异常的有效解释反演工作。

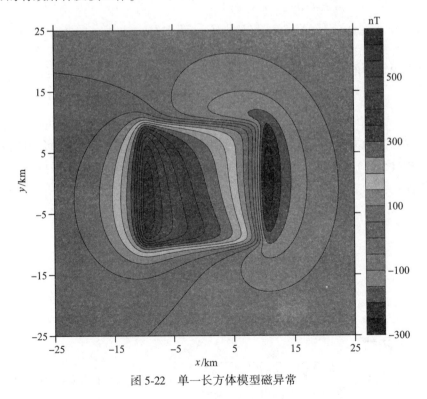

图 5-22 单一长方体模型磁异常

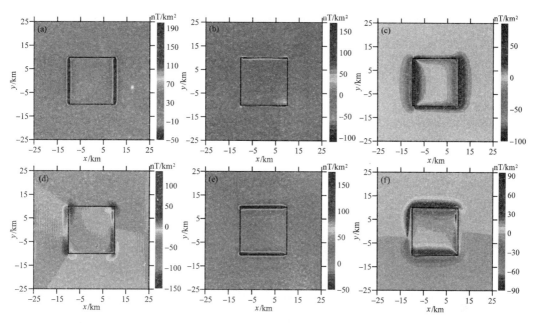

图 5-23　单一长方体磁异常方向 Tilt 梯度的改进导数

（a）$S\theta_x^x$；（b）$S\theta_y^x$；（c）$S\theta_z^x$；（d）$S\theta_x^y$；（e）$S\theta_y^y$；（f）$S\theta_z^y$

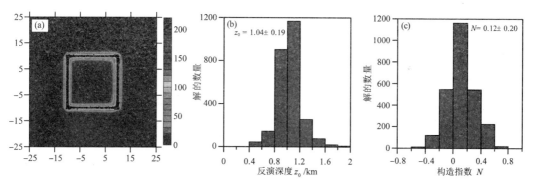

图 5-24　单一长方体模型磁异常反演结果

（a）THSθ 及反演解水平位置；（b）深度反演解直方统计图；（c）构造指数反演解直方统计图

　　为了验证方向 Tilt-Euler 法对复杂磁异常的解释能力，设计了一个由脉体、长方体、球体构成的组合模型，各模型体具有不同的磁化方向、埋深、水平尺度等参数，具体如表 5-2 所示。图 5-25（a）为组合模型的原始磁异常，受磁化方向影响，磁异常与地质体并无明显对应关系。

表 5-2　模型体参数表

模型体	边长或半径/km	上顶或质心 埋深/km	下底/km	磁化方向 （倾角、偏角）	磁化强度/（A/m）
模型体 1	1.5	2	—	(30°，30°)	1
模型体 2	10×3	0.5	∞	(90°，0°)	1
模型体 3	14×0.2	1	∞	(60°，90°)	10
模型体 4	4×4	1	5	(45°，60°)	1

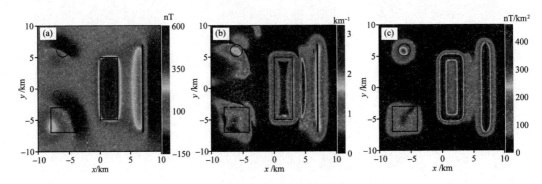

图 5-25　组合模型磁异常及异常识别结果

（a）原始磁异常；（b）Tilt 梯度水平梯度模；（c）方向 Tilt 梯度水平梯度模

　　图 5-25（b）（c）是 Tilt 梯度水平导数模和方向 Tilt 梯度水平总导数模。可以看出，Tilt 梯度的水平导数模较好地反映出了长方体 2 的边界和岩脉模型 3、但只能识别模型体 4 的部分边界，在球体模型 1 上的异常却是条带状的；另外，还存在着明显的虚假异常（模型体 1 周围和模型体 2 与 3 之间）。方向 Tilt 梯度水平总导数模受磁化方向影响较小小，识别准确度较高，有效地检测出了所有模型体的中心或者边界位置。图 5-26 是Tilt-Euler 法和方向 Tilt-Euler 法的计算结果，对比图 5-26（a）（b）可以看出，Tilt-Euler 法的反演解较发散，模型体 2、3 及 4 上的反演解连续性较差，而方向 Tilt-Euler 法的反演解则汇聚度更高且连续性更强；图 5-26（c）（d）中给出了两种方法的反演参数统计值，其中删除了 Tilt-Euler 法反演结果中离 Tilt 水平导数模极大值大于 0.5 km（即为窗口长度）的不合理反演解，可以看出，Tilt-Euler 反演的深度值与方向 Tilt-Euler 反演深度值基本一致，均与理论值较为接近，但新方法反演的深度精度更高些，反演解偏差更小些。

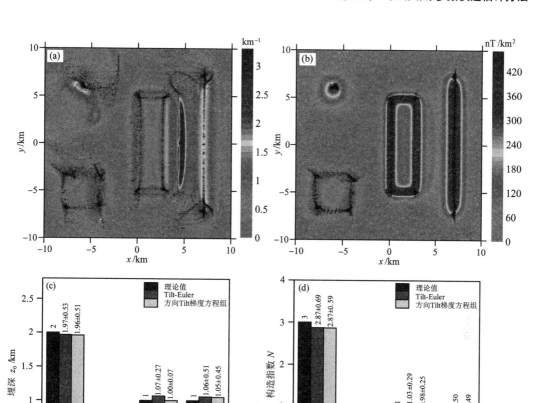

图 5-26　组合模型磁异常 Tilt-Euler 法及方向 Tilt-Euler 法的反演结果

（a）Tilt-Euler 反演解水平位置；（b）方向 Tilt-Euler 反演解水平位置；

（c）深度反演解统计；（d）构造指数反演结果统计

5.4.3　实际资料应用

为验证本文方法的实际资料应用效果，选取了中国内蒙古塔木素地区的航磁数据进行测试。图 4-35 是该地区的地质图，图 4-36 是塔木素地区航磁异常及异常识别结果。图 5-27 是 Tilt-Euler 法和方向 Tilt-Euler 法的反演结果。从整体上来看，两种方法计算得到的场源位置及构造指数均较为接近，反演解的水平位置基本上为条带状，反演深度值基本在 0~2000 m 之间，构造指数则主要分布在 -0.1~1.5 之间，不过更多的是介于 -1~0.5 之间，尤其在沉积岩分布区，反演出的构造指数指示了引起磁异常的主要是断裂构造（类似于台阶面）。从反演效果来看，方向 Tilt-Euler 法的反演解聚集度更强、连续性更好，更能有效地追踪断裂构造的延伸。如图 8 中黑色箭头位置，方向 Tilt-Euler 法反演解连续，条带状明显，而 Tilt-Euler 法反演解较为发散、连续性较差。另外，方向 Tilt-Euler 法反演结果与已知断裂或地震解释出的断裂构造位置基本一致，还可以根据反演结果推断隐伏断裂构造的展布情况，为研究该地区地下地质结构特征提供了一种依据。

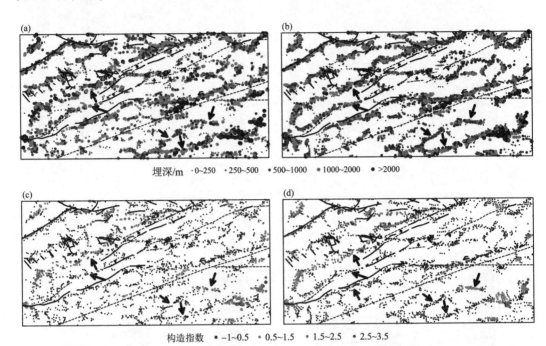

图 5-27　塔木素地区航磁异常 Tilt-Euler 及方向 Tilt-Euler 法反演结果
（a）Tilt-Euler 法反演位置解；（b）方向 Tilt-Euler 法反演位置解；
（c）Tilt-Euler 反演构造指数解；（d）方向 Tilt-Euler 反演构造指数解

5.4.4　本节小结

在方向 Tilt 梯度基础上，进一步推导出了方向 Tilt 梯度的 6 个偏导数，构建了基于方向 Tilt 梯度的欧拉反褶积（方向 Tilt-Euler 法），用于三维磁异常解释。模型试验表明，方向 Tilt-Euler 法反演解的连续性、汇聚度及精度均高于 Tilt-Euler 法的。在中国内蒙古塔木素地区航磁资料应用中，方向 Tilt-Euler 法获得了丰富的地下磁性体参数信息，表明沉积岩分布区内磁异常主要源自断裂构造，解释结果与已知地质资料也较为吻合，同时处理结果也为研究地下磁性体分布特征提供了依据。

第6章 位场场源快速成像方法

归一化总梯度法是重磁资料处理与解释的常用方法之一，但其不能有效地识别叠加场源信息，不能判别地质体的几何形状。为了提高归一化总梯度法的实用性，首先采用迭代滤波进行稳定的向下延拓计算，再利用幂次平均函数进行归一化处理，最后根据地面位场异常总梯度的异常特征对测线进行离散化，由此提出了基于幂次平均的离散归一化总梯度法。

6.1.1 基本原理

1. 传统归一化总梯度法

传统归一化总梯度法是别列兹金提出的，其表达式为：

$$G^{\mathrm{H}}(x, z) = \frac{\mathrm{As}(x, z)}{\mathrm{MAs}(z)} \tag{6-1}$$

其中，$\mathrm{As}(x, z) = \sqrt{u_{xz}^2 + u_{zz}^2}$ 是位场异常 $f(x, z)$ 的解析信号，$\mathrm{MAs}(z) = \dfrac{1}{M}\sum\limits_{i=1}^{M}\mathrm{As}(x_i, z)$，$u_{xz}$ 和 u_{zz} 分别表示观测平面上位场值 $f(x, 0)$ 向下延拓到 z 深度上的水平、垂向一阶导数值，M 为测线采样总点数。

从公式（6-1）可以看出，计算 $G^{\mathrm{H}}(x, z)$ 的关键是计算 u_{xz} 和 u_{zz}。目前导数换算和向下延拓常采用波数域数据转换形式，即：

$$\begin{cases} \tilde{U}_{xz}(u, z) = \mathrm{i}u e^{uz}\tilde{f}(u, 0) \\ \tilde{U}_{zz}(u, z) = u e^{uz}\tilde{f}(u, 0) \end{cases} \tag{6-2}$$

其中，u 为 x 方向的波数；$\tilde{f}(u, 0)$ 为 $f(x, 0)$ 的波谱。对式（6-2）进行傅立叶反变换

即可得到 u_{xz} 和 u_{zz} :

$$
\begin{cases}
u_{xz}(x,\ z) = F^{-1}[\ \tilde{U}_{xz}(u,\ z)\ ] \\
u_{zz}(x,\ z) = F^{-1}[\ \tilde{U}_{zz}(u,\ z)\ ]
\end{cases} \tag{6-3}
$$

2. 迭代滤波

由于导数换算和向下延拓都会对高频干扰成分进行不同程度的放大，需要通过低通滤波增强计算结果的稳定性。传统的低通滤波算子是别列兹金提出的圆滑滤波因子：

$$
q_m = [\ \sin(\pi k/N)/(\pi k/N)\ ]^2 \tag{6-4}
$$

其中，N 为谐波数，$k = 1,\ 2,\ 3,\ \cdots,\ N$。该滤波因子在压制高频成分时，低频成分在一定程度上也有所削弱。为此，本文选择如下迭代滤波因子提高延拓的计算精度和稳定性：

$$
\phi_n = \mathrm{e}^{uz[1-(1-\frac{1}{1+\alpha uz})^n]} \tag{6-5}
$$

其中，α 为正则化因子，α 越大，对高频成分压制越强，一般情况下 $\alpha \geqslant 1$（本文 $\alpha = 1$），n 为迭代次数。

将 ϕ_n 带入公式（6-3），有：

$$
\begin{aligned}
u_{xz}(x,\ z) &= F^{-1}[\ \tilde{U}_{xz}(u,\ z)\phi_n\ ] \\
u_{zz}(x,\ z) &= F^{-1}[\ \tilde{U}_{zz}(u,\ z)\phi_n\ ]
\end{aligned} \tag{6-6}
$$

3. 幂次平均归一化总梯度

传统归一化函数为算术平均 $\mathrm{MAs}(z)$，本文采用幂次平均函数代替算术平均进行归一化处理，即：

$$
\mathrm{EAs}(z) = \left[\ \frac{1}{M}\sum_{i=1}^{M}\ \mathrm{As}^p(x_i,\ z)\ \right]^{\frac{1}{p}} \tag{6-7}
$$

其中，p 为幂次数，当 $p = 1$ 时，$\mathrm{EAS}(z)$ 便是算术平均 $\mathrm{MAs}(z)$。不同形状的地质体具有不同的最佳 p 值，$p = 1$ 对应水平圆柱体，$p = 2$ 对应着岩脉，$p = 4$ 则对应着台阶（下文模型试验将予以证实）。基于幂次平均的归一化总梯度表达式为：

$$
U^{\mathrm{H}}(x,\ z) = \frac{\mathrm{As}(x,\ z)}{\mathrm{EAs}(z)} \tag{6-8}
$$

4. 归一化总梯度的离散化

由于公式（6-1）或公式（6-8）只能识别最浅部的地质体信息，较深部的地质体无法被同时检测出来，或计算结果与实际情况偏差过大。为了提高方法的实用性，下面对公式（6-8）进行离散化处理。

设观测面上存在 Q 个明显的解析信号 As 的极大值，则将测线离散成 Q 段，每段包含一个解析信号极大值，两个 As 极大值之间的极小值点定义为离散点（图 6-1）。

那么，离散化后第 q 段的归一化总梯度为：

$$
U_q^{\mathrm{H}}(x,\ z) = \frac{\mathrm{As}_q(x,\ z)}{\mathrm{EAs}_q(z)} \tag{6-9}
$$

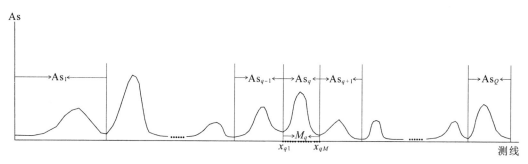

图 6-1　离散化示意图

其中，$As_q(x, z) = \sqrt{u_{xz}^2(x_q, z) + u_{zz}^2(x_q, z)}$；$EAs_q(z) = \left[\dfrac{1}{M_q}\displaystyle\sum_{i=1}^{M_q} As_q^p(x, z)\right]^{\frac{1}{p}}$，$M_q$ 为第 q 段的采样总点数。

5. 计算流程

基于幂次平均的离散归一化总梯度计算流程如下：

（1）给定初值迭代次数 n（可取 1），采用迭代滤波法计算地下空间的导数值 $u_{xz}(x, z)$、$u_{zz}(x, z)$ 及 $As(x, z)$；

（2）根据 $As(x, 0)$ 的异常形态，利用极大值个数将测线离散成 Q 段；

（3）对于第 q 段，给定初值幂次数 $p=1$，计算归一化总梯度场 U_q^H，通过改变迭代次数 n 即可获得 U_q^H 场的极大值 $\max(U_q^H)$ 及其深度值与迭代次数 n 的关系曲线，关系曲线上 $\max(U_q^H)$ 极大值点对应的迭代次数即为最佳迭代次数；

（4）改变 p 及 n 值，即可获得 $\max(U_q^H)$ 及其深度值与 p 和 n 的一系列关系曲线，当 p 与 $p+j$（$j=1, 2, 3, \cdots$）时，最佳迭代次数的 $\max(U_q^H)$ 所对应的深度值一致时，终止 p，此时 p 为最佳幂次数；

（5）输出最佳 p 值下最佳迭代次数 n 得到的 U_q^H，根据此时的 p 大小可判断地质体的形态，此时的 $\max(U_q^H)$ 对应深度值即为地质体的解释埋深；

（6）改变区间段位置，重复上述步骤（3）~（5），完成所有区间段的计算；

（7）将不同区间段获得的 U_q^H 场按顺序进行拼贴，即可获得整条测线的 U^H 场。

6.1.2　模型试验

1. 幂次数与地质体几何形状关系

为验证幂次数与地质体形状存在相关性，分别设计了台阶、岩脉和无限长水平圆柱体等三种常用二度体模型进行试验，并通过改变地质体参数进一步说明这种相关性的正确性。

（1）水平圆柱体模型

建立两个单一水平圆柱体模型，模型 1、模型 2 的质心埋深分别为 1 km、2 km，磁化倾角分别为 45° 和 90°，半径均为 0.5 km。图 6-2 给出了这两个水平圆柱体模型磁异常转换得到的 $\max(U^H)$ 及其深度值与迭代次数 n 和幂次数 p 的关系曲线。从

图 6-2（a）（c）可以看出，无论 p 取何值，$\max(U^H)$ 均随迭代次数 n 的增加而先增大后减小，存在一个极值点；当幂次数 p 增大时，$\max(U^H)$ 则逐渐减小。从图 6-2（b）（d）可以看出，$\max(U^H)$ 对应的深度值随迭代次数增加先缓慢递增，再迅速增大，存在一个明显的转折点，而该转折点对应的深度值与 $\max(U^H)$ 曲线上极大值对应的深度值一致。由于 $p=1$ 和 $p=2$ 时 $\max(U^H)$ 曲线上极大值对应的深度值相同，因此可认为圆柱体的最佳幂次数 p 为 1，此时最佳迭代次数的 $\max(U^H)$ 对应的深度值分别为 0.9 km 和 1.8 km，均与理论深度 1 km 和 2 km 存在 10% 的相对误差。图 6-3（a）（b）分别是两个水平圆柱体模型磁异常归一化总梯度场，可以看出，U^H 场关于水平圆柱体质心埋深位置左右呈对称分布，极大值圈闭位置与圆柱体质心位置基本吻合。

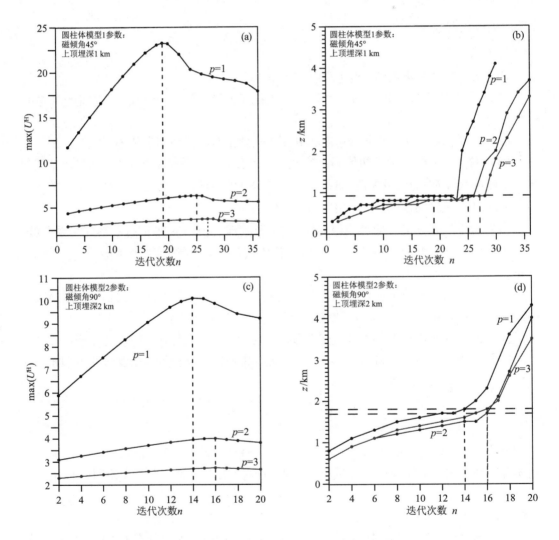

图 6-2　圆柱体模型磁异常归一化总梯度最大值 $\max(U^H)$ 及其深度随幂次数 p 和迭代次数 n 变化曲线
（a）（b）圆柱体 1 的 $\max(U^H)$ 及对应深度；（c）（d）圆柱体 2 的 $\max(U^H)$ 及对应深度

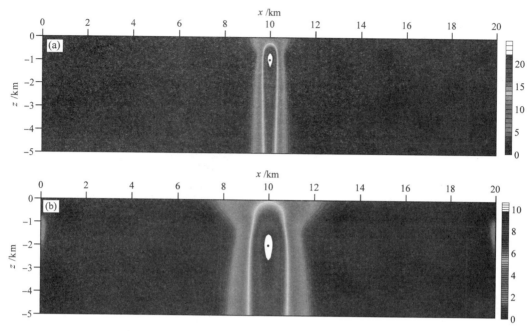

图 6-3 水平圆柱体模型磁异常幂次平均归一化总梯度场
（a）圆柱体模型 1；（b）圆柱体模型 2

（2）岩脉模型

构建了两个岩脉模型（岩脉 1、岩脉 2），岩脉的倾斜度分别为 45° 和 90°，上顶埋深分别为 1 km、2 km，磁化倾角分别为 45° 和 90°。图 6-4 是两个岩脉模型磁异常转换得到的 $\max(U^{\mathrm{H}})$ 及其对应的深度值与迭代次数 n 和幂次数 p 的关系曲线。从图 6-4（a）（c）可以看出，$\max(U^{\mathrm{H}})$ 仍随着迭代次数 n 的增加而先增大后减小，存在一个极值点；当幂次数 p 增大时，$\max(U^{\mathrm{H}})$ 同样逐渐减小。从图 6-4（b）（d）可以看出，$\max(U^{\mathrm{H}})$ 对应的深度值也是随迭代次数增加而先缓慢递增，然后迅速增大，存在一个明显的转折点，而该转折点对应的深度值与 $\max(U^{\mathrm{H}})$ 曲线上极大值对应的深度值基本一致。由于 $p=2$ 和 $p=3$ 时 $\max(U^{\mathrm{H}})$ 曲线上极大值对应的深度值相同，因此可认为岩脉的最佳幂次数 $p=2$，此时最佳迭代次数下的 $\max(U^{\mathrm{H}})$ 所对应的深度值分别为 1.0 km 和 1.9 km，与理论深度 1 km 和 2 km 基本吻合。图 6-5 是两个岩脉模型的磁异常归一化总梯度，可见 U^{H} 场关于岩脉上顶埋深位置左右呈对称分布，极大值圈闭位置与模型上顶埋深位置基本重合。

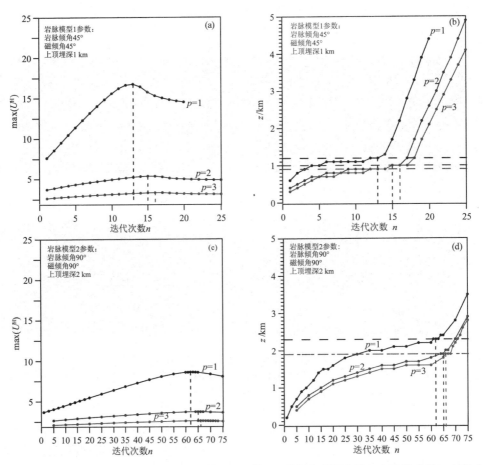

图 6-4 岩脉模型磁异常归一化总梯度最大值 $\max(U^{\mathrm{H}})$ 及其深度随幂次数 p 和迭代次数 n 变化曲线

（a）（b）岩脉 1 的 $\max(U^{\mathrm{H}})$ 及对应深度；（c）（d）岩脉 2 的 $\max(U^{\mathrm{H}})$ 及对应深度

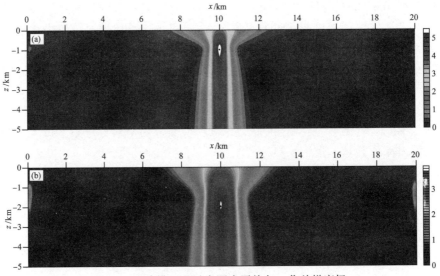

图 6-5 岩脉模型磁异常幂次平均归一化总梯度场

（a）岩脉 1；（b）岩脉 2

（3）台阶模型

台阶模型 1、模型 2 的倾斜度分别为 45° 和 60°，上顶埋深分别为 1 km 和 2 km，磁化倾角分别为 30° 和 60°。图 6-6 为两个台阶模型的磁异常 $\max(U^H)$ 及其对应的深度值与迭代次数 n 和幂次数 p 的关系曲线。从图 6-6（a）（c）可以看出，$\max(U^H)$ 均随着 n 的增加而先增大后减小，存在极值点；当幂次数 p 增大时，$\max(U^H)$ 则逐渐减小。从图 6-6（b）（d）可以看出，除 $p=1$ 外，在其他 p 值时，$\max(U^H)$ 所对应的深度值随迭代次数的增加先逐渐增大，当达到最佳迭代次数后迅速增大，因此 $\max(U^H)$ 所对应的深度变化曲线在最佳迭代次数时存在一个明显的拐点；最佳迭代次数时 $\max(U^H)$ 所对应的深度值随着 p 值的增加逐渐接近模型理论埋深，由于 $p=4$ 与 $p=5$ 时的最佳迭代次数下的 $\max(U^H)$ 所对应的深度值相同，因此认为 $p=4$ 是台阶模型的最佳幂次数，此时 $\max(U^H)$ 所对应的深度值分别为 1.1 km 和 2.1 km，均略大于理论深度 1.0 km 和 2.0 km。图 6-7 是上述两个台阶模型磁异常归一化总梯度等值线图，可以看出，U^H 关于台阶上顶埋深位置左右呈对称分布，$\max(U^H)$ 所对应的位置与台阶上顶埋深位置基本吻合。

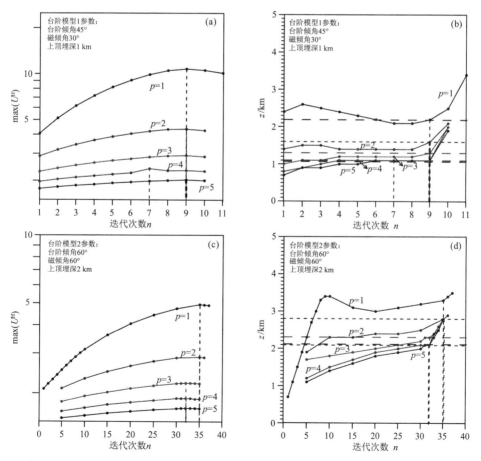

图 6-6　台阶模型磁异常归一化总梯度最大值 $\max(U^H)$ 及其深度随幂次数 p 和迭代次数 n 变化曲线

（a）（b）台阶 1 的 $\max(U^H)$ 及对应深度；（c）（d）台阶 2 的 $\max(U^H)$ 及对应深度

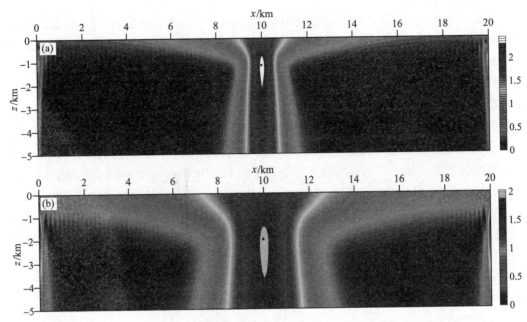

图 6-7　台阶模型磁异常幂次平均归一化总梯度场

(a) 台阶 1；(b) 台阶 2

上述三组模型试验结果表明，基于幂次平均的归一化总梯度法是可行的，可以有效地识别不同形状地质体的深度参数；不同几何形状的地质体对应的最佳幂次数是不同的，可利用该特点估计地质体类型。

2. 叠加模型试验

为了进一步验证新方法的有效性，设计了一个叠加组合模型试验，组合模型包含了三个不同类型的地质体。地质体 1 为台阶模型，上顶坐标（10 km，2 km），倾斜角度为 60°，磁化倾角为 30°，磁化强度为 0.1 A/m；地质体 2 为垂直岩脉模型，上顶坐标（20 km，0.5 km），磁化倾角为 45°，磁化强度为 1 A/m；地质体 3 为水平圆柱体，质心坐标（30 km，1 km），磁化倾角为 60°，磁化强度为 1 A/m。图 6-8 是该组合模型产生的磁异常及磁异常的解析信号，从解析信号可以看出地下存在 3 个明显的磁异常体。图 6-9 是整个剖面及离散化剖面的磁异常 $\max(U^{\mathrm{H}})$ 及其对应深度值与迭代次数 n 和幂次数 p 的关系曲线，从图 6-9（a）（b）中可以看出，幂次数 $p=2$ 和 $p=3$ 时最佳迭代次数下的 $\max(U^{\mathrm{H}})$ 对应的深度值一致，即最佳幂次数 p 为 2 时，此时 $\max(U^{\mathrm{H}})$ 对应的坐标为（20 km，0.5 km），与岩脉上顶埋深位置完全一致。

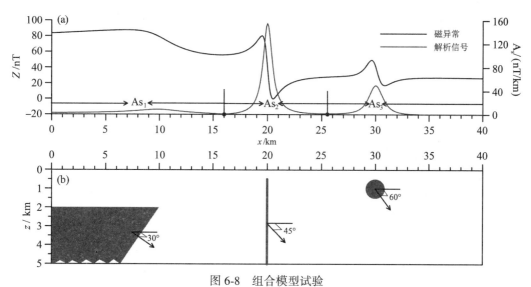

图 6-8　组合模型试验

（a）叠加模型磁异常及其解析信号；（b）模型示意图

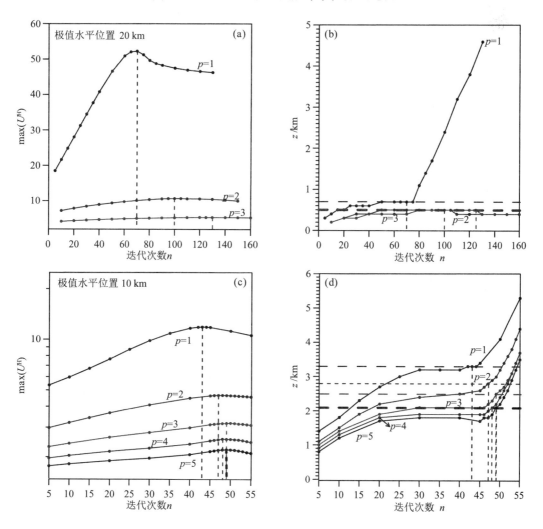

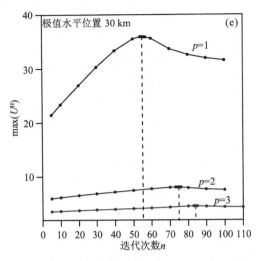
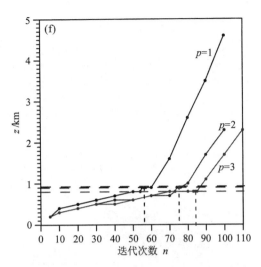

图 6-9　组合模型磁异常归一化总梯度最大值 $\max(U^H)$ 及其深度随幂次数 p 和迭代次数 n 变化曲线
（a）（b）整体剖面 $\max(U^H)$ 及其深度；（c）（d）0～16 km 的 $\max(U^H)$ 及其深度；
（e）（f）25.5～40 km 的 $\max(U^H)$ 及其深度

图 6-10（a）是整体测线的最佳幂次数、最佳迭代次数时的磁异常归一化总梯度场，可以看出，U^H 场仅能反映出岩脉的位置信息，无法有效识别出台阶和水平圆柱体。依据地面磁异常解析信号［图 6-8（a）］特征，将测线离散化为 3 段：0～16.0 km、16.0～25.5 km 和 25.5～40.0 km。由于未离散化的磁异常归一化总梯度可以较好地识别出 16.0～25.5 km 之间的磁异常体，因此该段无须再处理。图 6-9（c）～（f）分别是第一段（0～16.0 km）和第三段（25.5～40.0 km）磁异常 $\max(U^H)$ 及其深度值随迭代次数 n 和幂次数 p 的关系曲线。可以看出，第一段幂次数 $p=4$ 与 $p=5$ 时，最佳迭代次数下的 $\max(U^H)$ 对应的深度值一致，即该段最佳幂次数为 4，与上述台阶模型试验对

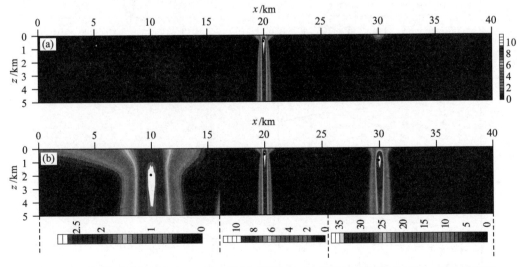

图 6-10　叠加模型整条剖面（a）及离散剖面拼贴（b）的磁异常幂次平均归一化总梯度场

应的最佳幂次数一致，$\max(U^H)$ 对应的坐标为（10.0 km，2.1 km），与台阶上顶埋深位置基本一致；第三段最佳幂次数 $p=1$，为水平圆柱体对应的幂次数，最佳幂次数时最佳迭代次数的 $\max(U^H)$ 对应的坐标为（30.0 km，0.9 km），与理论质心坐标（30.0 km，1.0 km）较为接近。图 6-10（b）是离散归一化总梯度场，可以看出，此时的 U^H 场可以根据极值圈闭识别三个地质体的位置，有效提高了归一化总梯度法的实用性。

6.1.3 实例应用

为了验证基于幂次平均的离散归一化总梯度法的实用性，选取中国内蒙古乌拉特右旗北部的地面磁异常进行试验，研究区地表全部被沉积层所覆盖。图 6-11 是网格化为 250 m×50 m 后的磁异常图，可以看出，研究区南侧存在一条近东西走向的条带状磁异常，在西北侧还存在一个长轴近东西走向的椭圆状磁异常。为了查明这两个磁异常对应的磁源参数信息，在磁异常图中选取了两条南北走向的试验剖面 AA′ 和 BB′，对应的磁异常及解析信号曲线见图 6-12。可以看出，AA′ 剖面上有两个明显的解析信号极值，推断沿这条剖面存在两个磁性体；BB′ 剖面上只有一个明显的解析信号极值，认为地下主要存在一个磁源体。

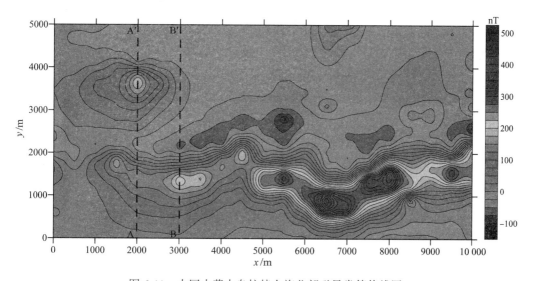

图 6-11　中国内蒙古乌拉特右旗北部磁异常等值线图

首先采用基于圆滑滤波因子 q_m［公式（6-4）］的常规归一化总梯度法对两条剖面进行处理。图 6-13 是常规归一化总梯度场极值及其深度值随谐波数 N 的变化曲线。可以看出，在 AA′、BB′ 剖面上，最佳谐波数 N 时归一化总梯度场极值对应的深度分别为 100 m 和 400 m。图 6-14 是最佳谐波数时 AA′ 和 BB′ 剖面磁异常的常规归一化总梯度断面图，可以看出，AA′ 剖面常规归一化总梯度在坐标（4000 m，100 m）处存在明显的极大值，分别在坐标（1800 m，100 m）（3450 m，100 m）和（3650 m，100 m）处也存在极值，但极值圈闭范围较小，可能是磁性体引起的，但也可能是噪声压制不彻底导致的；BB′ 剖面的常规归一化总梯度在坐标（1450 m，400 m）处存在最大值，还在坐标（2200 m，400 m）（4250 m，1800 m）两处存在明显的极值圈闭。

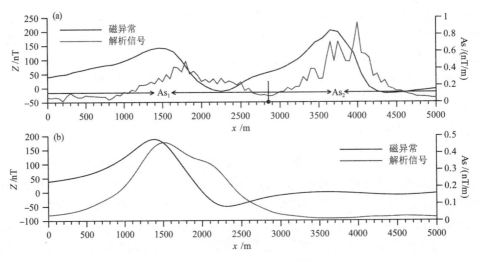

图 6-12　剖面磁异常及解析信号

（a）AA′剖面；（b）剖面

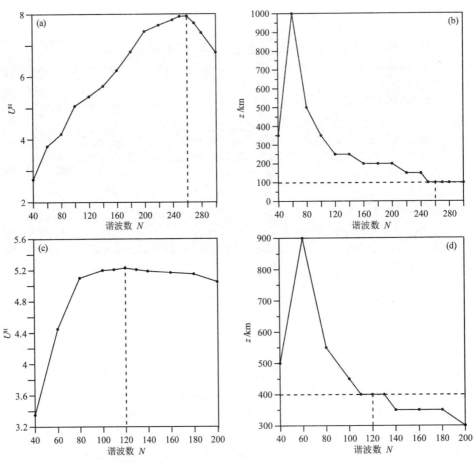

图 6-13　常规归一化总梯度场最大值及对应深度随谐波数 N 的变化曲线

（a）（b）AA′剖面 $\max(U^H)$ 及其深度；（c）（d）BB′剖面 $\max(U^H)$ 及其深度

再采用基于幂次平均的离散归一化总梯度法对两条剖面磁异常进行处理。从 AA′剖面的解析信号图（图 6-12）可以看出，可把水平位置 2850 m 作为离散点将测线分为两段。图 6-15（a）（b）分别是 AA′剖面磁异常 $\max(U^H)$ 及其深度值与幂次数和迭代次数的关系曲线；图 6-15（c）（d）分别是该剖面离散化后 0~2850 m 的磁异常 $\max(U^H)$ 及其深度值与幂次数和迭代次数的关系曲线。从图 6-15 可以看出，水平位置 4000 m 处的磁性体最佳幂次数 $p=1$，推断地质体类似为圆柱体，该最佳幂次数下最佳迭代次数时的 $\max(U^H)$ 深度值为 350 m；在水平位置为 1800 m 处的磁性体最佳幂次数 $p=2$，即可认为磁性体近似于岩脉，最佳幂次数下最佳迭代次数时的 $\max(U^H)$ 深度值为 550 m。从 BB′剖面的解析信号图（图 6-12）可以看出，该剖面解析信号异常主要有一个极值，因此该剖面无须进行离散化处理。图 6-16（a）（b）分别为 BB′剖面磁异常 $\max(U^H)$ 及其深度值随参数 p 和 n 的变化曲线，从中易知，在水平位置 1400 m 处地下存在一个磁性体，该磁性体的最佳幂次数 $p=2$，即磁源接近于岩脉形状，最佳幂次数下最佳迭代次数时的 $\max(U^H)$ 深度值为 450 m。图 6-17（a）（b）分别是 AA′、BB′剖面的幂次平均离散归一化总梯度断面图，可以看出，AA′剖面的磁异常幂次平均离散归一化总梯度场在坐标（1800 m，550 m）和（4000 m，350 m）处清晰地展示出了两个明显的极值圈闭，虽然常规归一化总梯度 ［图 6-14（a）］ 也在水平位置 1800 m 和 4000 m 处存在两个极值，但极值对应的深度（均为 100 m）与改进方法获得的深度值存在较大偏差。BB′剖面的磁异常幂次平均归一化总梯度场在坐标（1400 m，450 m）处存在一个明显的极值圈闭，在坐标（2200 m，400 m）也存在一个极值圈闭，可能在该处也存在一个磁性体，只是地表磁异常解析信号分辨率不够高导致未被识别；常规归一化总梯度 ［图 6-14（b）］ 在水平位置 1400 m 和 2200 m 处识别的磁性体埋深均为 400 m，与改进方法计算结果基本一致。

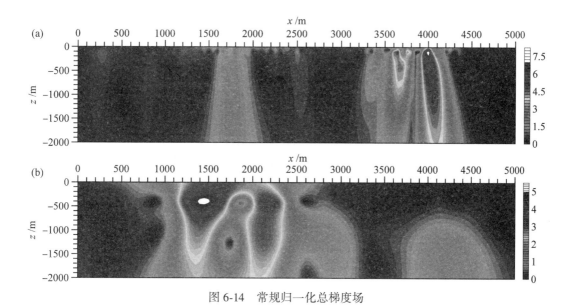

图 6-14 常规归一化总梯度场

（a）AA′剖面；（b）BB′（b）剖面

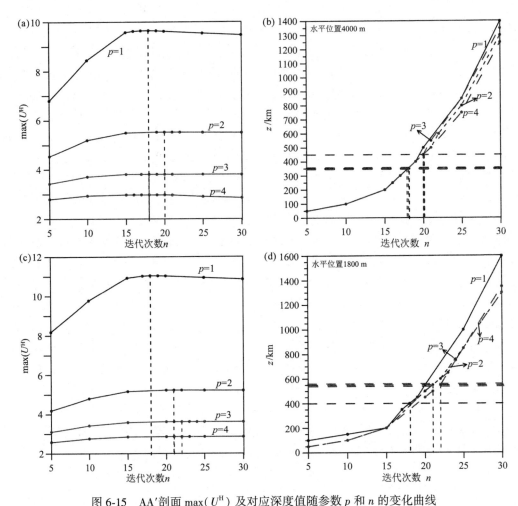

图 6-15 AA′剖面 max(U^H) 及对应深度值随参数 p 和 n 的变化曲线

(a)(b) 整条 AA′剖面 max(U^H) 及对应的深度值；(c)(d) 0~2850 m 的 max(U^H) 及对应的深度值

由于没有其他地质、钻孔等已知资料验证上述结果，这里采用了磁法数据处理中解析信号欧拉反褶积法对 AA′、BB′两条剖面进行相应处理，结果分别见图 6-18 和图 6-19。从图 6-18 可以看出，利用 AN-EUL 反褶积反演 AA′剖面磁数据得到了两个磁性体，坐标分别为（1 727.1 m，543.8 m）、（3 839.2 m，350.1 m），与幂次平均离散归一化总梯度法反演的位置基本一致；AN-EUL 反褶积在上述两处反演得到的构造指数分别为 1.1 和 1.7，即两处的磁性体分别接近于岩脉（理论构造指数为 1）和圆柱体（理论构造指数为 2），同样与幂次平均离散归一化总梯度法估计的地质体类型相一致。从图 6-19 中可以看出，利用解析信号欧拉反褶积法反演 BB′剖面，在坐标（1 524.6 m，480.3 m）处反演得到一个类似岩脉的磁性体（反演的构造指数为 1.1），反演结果与幂次平均归一化总梯度得到的磁性体参数同样吻合较好，这进一步证实了幂次平均离散归一化总梯度法的有效性和实用性。

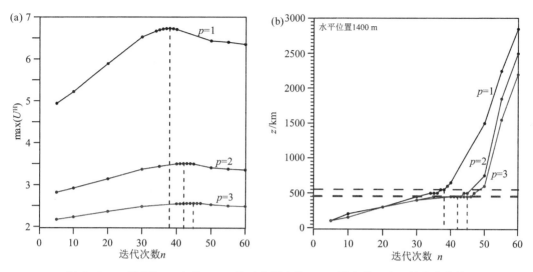

图 6-16　BB′剖面 $\max(U^H)$（a）及对应深度值（b）随参数 p 和 n 的变化曲线

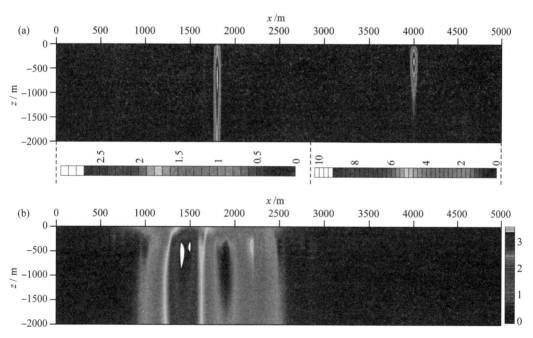

图 6-17　基于幂次平均的磁异常离散归一化总梯度场

（a）AA′剖面；（b）BB′（b）剖面

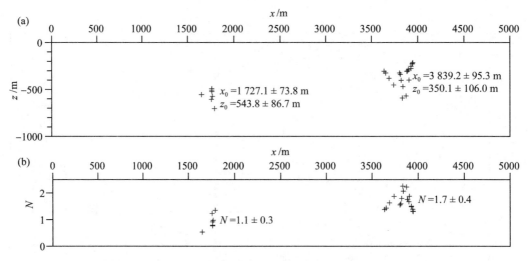

图 6-18 AA′剖面磁异常 AN-EUL 反演结果

（a）反演的位置解；（b）反演的构造指数解

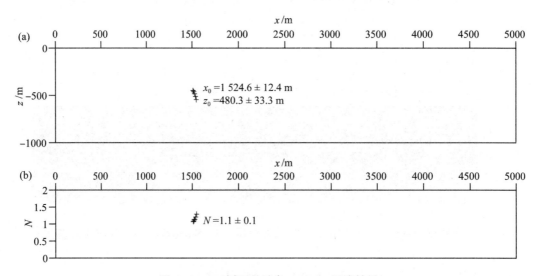

图 6-19 BB′剖面磁异常 AN-EUL 反演结果

（a）反演的位置解；（b）反演的构造指数解

6.1.4　本节小结

在分析常规归一化总梯度法的优缺点基础上，利用迭代滤波法代替圆滑滤波实现稳定向下延拓，采用幂次平均替换算术平均进行归一化计算，并对归一化总梯度场进行离散化处理，由此推导出了基于幂次平均的离散归一化总梯度法。模型试验证实，基于幂次平均的离散归一化总梯度法可以用于处理叠加异常场，能够有效地识别地质体的位置及几何形状参数。实例应用表明，相对于常规归一化总梯度法，新方法不仅可以有效地反映出叠加异常的场源分布，获得更高的反演精度，还可以用于推断地质体的几何形状特征，有效提高归一化总梯度法的地质解释能力。

6.2　磁源镜像成像法

在 n 阶解析信号振幅及其倒数的基础上，提出了二维磁源 n 阶镜像成像（MSIA_n 法）方法，用于磁源成像及构造指数估计。场源位置可以通过 MSIA 的极大值进行识别，构造指数则利用极大值的数值及估计出的深度进行计算得到。该方法是利用上半空间来镜像呈现地下磁源的赋存状态，因此称为镜像成像。

6.2.1　基本原理

对一阶解析信号 AS_1，即公式（5-18）（5-19）求 x、z 方向导数，得：

$$\frac{\partial \text{AS}_1}{\partial x} = \frac{\dfrac{\partial T}{\partial x}\dfrac{\partial T^2}{\partial x^2} + \dfrac{\partial T}{\partial z}\dfrac{\partial T^2}{\partial x \partial z}}{\text{AS}_1} = \frac{-\dfrac{\partial T}{\partial x}\dfrac{\partial T^2}{\partial z^2} + \dfrac{\partial T}{\partial z}\dfrac{\partial T^2}{\partial x \partial z}}{\text{AS}_1} = -\frac{k(N+1)(x-x_0)}{\left[(x-x_0)^2+(z-z_0)^2\right]^{(N+3)/2}}$$

$$(6\text{-}10)$$

$$\frac{\partial \text{AS}_1}{\partial x} = \frac{\dfrac{\partial T}{\partial x}\dfrac{\partial T^2}{\partial x \partial z} + \dfrac{\partial T}{\partial z}\dfrac{\partial T^2}{\partial z^2}}{\text{AS}_1} = -\frac{k(N+1)(z-z_0)}{\left[(x-x_0)^2+(z-z_0)^2\right]^{(N+3)/2}}$$

$$(6\text{-}11)$$

则二阶解析信号可表示为：

$$\text{AS}_2 = \sqrt{\left(\frac{\partial \text{AS}_1}{\partial x}\right)^2 + \left(\frac{\partial \text{AS}_1}{\partial z}\right)^2} = \sqrt{\left(\frac{\partial T^2}{\partial x \partial z}\right)^2 + \left(\frac{\partial T^2}{\partial z^2}\right)^2}\;\frac{k(N+1)}{\left[(x-x_0)^2+(z-z_0)^2\right]^{(N+2)/2}}$$

$$(6\text{-}12)$$

二阶解析信号的水平、垂向导数为：

$$\frac{\partial \text{AS}_2}{\partial x} = \frac{\dfrac{\partial T^2}{\partial x \partial z}\dfrac{\partial T^3}{\partial x^2 \partial z} + \dfrac{\partial T^2}{\partial z^2}\dfrac{\partial T^3}{\partial x \partial z^2}}{\text{AS}_2} = \frac{-\dfrac{\partial T^2}{\partial x \partial z}\dfrac{\partial T^3}{\partial z^3} + \dfrac{\partial T^2}{\partial z^2}\dfrac{\partial T^3}{\partial x \partial z^2}}{\text{AS}_2} = $$
$$-\frac{k(N+1)(N+2)(x-x_0)}{\left[(x-x_0)^2+(z-z_0)^2\right]^{(N+4)/2}}$$

$$(6\text{-}13)$$

$$\frac{\partial \text{AS}_2}{\partial z} = \frac{\dfrac{\partial T^2}{\partial x \partial z}\dfrac{\partial T^3}{\partial x \partial z^2} + \dfrac{\partial T^2}{\partial z^2}\dfrac{\partial T^3}{\partial z^3}}{\text{AS}_2} = -\frac{k(N+1)(N+2)(z-z_0)}{\left[(x-x_0)^2+(z-z_0)^2\right]^{(N+4)/2}}$$

$$(6\text{-}14)$$

那么三阶解析信号为：

$$\text{AS}_3 = \sqrt{\left(\frac{\partial \text{AS}_2}{\partial x}\right)^2 + \left(\frac{\partial \text{AS}_2}{\partial z}\right)^2} = \sqrt{\left(\frac{\partial T^3}{\partial x \partial z^2}\right)^2 + \left(\frac{\partial T^3}{\partial z^3}\right)^2} = $$
$$\frac{k(N+1)(N+2)}{\left[(x-x_0)^2+(z-z_0)^2\right]^{(N+3)/2}}$$

$$(6\text{-}15)$$

根据公式（5-19）（6-12）（6-15），利用递推法和拉普拉斯方程 $\dfrac{\partial T^n}{\partial x^2 \partial z^{n-2}} + \dfrac{\partial T^n}{\partial z^n} = 0$，

则 n 阶解析信号可写为：

$$\mathrm{AS}_n = \sqrt{\left(\frac{\partial \mathrm{AS}_{n-1}}{\partial x}\right)^2 + \left(\frac{\partial \mathrm{AS}_{n-1}}{\partial z}\right)^2} = \sqrt{\left(\frac{\partial T^n}{\partial x \partial z^{n-1}}\right)^2 + \left(\frac{\partial T^n}{\partial z^n}\right)^2} =$$

$$\frac{k(N+n-1)!}{N!\left[(x-x_0)^2 + (z-z_0)^2\right]^{\frac{N+n}{2}}} \tag{6-16}$$

及其倒数：

$$\mathrm{RAS}_n = \mathrm{AS}_n^{-1} \tag{6-17}$$

从公式（6-16）可以看出，n 阶解析信号可看作是 $n-1$ 阶垂向导数的总梯度。

定义 n 阶镜像成像函数（MSIA_n）为 n 阶解析信号垂向导数及倒数的垂向导数组合（$\mathrm{VD\_ASRS}_n$）：

$$\mathrm{MSIA}_n = z \cdot \frac{\partial \mathrm{AS}_n}{\partial z} \cdot \frac{\partial \mathrm{RAS}_n}{\partial z} = z \cdot (\mathrm{VD\_ASRS}_n) = -z \cdot \left(\frac{\partial \mathrm{AS}_n}{\partial z}\right)^2 \cdot \mathrm{AS}_n^{-2}$$

$$= -z \cdot \frac{\left(\frac{\partial T^n}{\partial x \partial z^{n-1}} \frac{\partial T^{n+1}}{\partial x \partial z^n} + \frac{\partial T^n}{\partial z^n} \frac{\partial T^{n+1}}{\partial z^{n+1}}\right)^2}{\left[\left(\frac{\partial T^n}{\partial x \partial z^{n-1}}\right)^2 + \left(\frac{\partial T^n}{\partial z^n}\right)^2\right]^2} = -\frac{z(N+n)^2(z-z_0)^2}{\left[(x-x_0)^2 + (z-z_0)^2\right]^2} \tag{6-18}$$

令 $x = x_0 + \Delta x$，$z = -z_0 + \Delta z$（$\Delta z \leqslant z_0$），则 MSIA_n 可重写为：

$$\mathrm{MSIA}_n = \frac{(N+n)^2(z_0 - \Delta z)(-2z_0 + \Delta z)^2}{\left[\Delta x^2 + (-2z_0 + \Delta z)^2\right]^2} \leqslant \mathrm{MSIA}_n \mid_{x_0} = \frac{(N+n)^2(z_0 - \Delta z)}{(-2z_0 + \Delta z)^2} \leqslant$$

$$\mathrm{MSIA}_n \mid_{x_0, -z_0} = \frac{(N+n)^2}{4z_0} \tag{6-19}$$

公式（6-19）表明，MSIA_n 的极大值位于坐标（x_0，$-z_0$），即可以利用 MSIA_n 的极大值估计场源位置（x_0，z_0）。

当场源位置确定后，利用公式（6-18），构造指数可表示为：

$$N = 2\sqrt{z_0 \cdot \mathrm{MSIA} \mid_{x=x_0, z=-z_0}} - n \tag{6-20}$$

虽然该方法使用了高阶导数，但同时也使用向上延拓，因此方法具有一定的稳定性。该方法较为简单，易于实现，只需在波数域计算出不同延拓高度上的导数即可。

6.2.2 模型试验

这里使用一个组合模型产生的理论磁异常及含噪磁异常进行方法的有效性和稳定性测试。另外，将新方法还与基于不同阶次解析信号比值的 DEXP 法[221] 进行了对比分析。

组合模型包含三个岩脉和一个水平圆柱体，所有模型的磁化强度均为 10 A/m，磁化倾角为 45°，磁化偏角为 0°。第一个岩脉向南倾斜 45°，上顶位于 5 km 处，埋深为 1.5 km；第二个岩脉是垂直的，上顶位于 15 km 处，埋深为 0.5 km；第三个岩脉也是垂直的，上顶位于（25 km，1 km）处；水平圆柱体半径为 1 km，质心位于（35 km，2 km）处。图 6-20（a）是组合模型的磁异常，图 6-20（b）是不同高度上一阶解析信

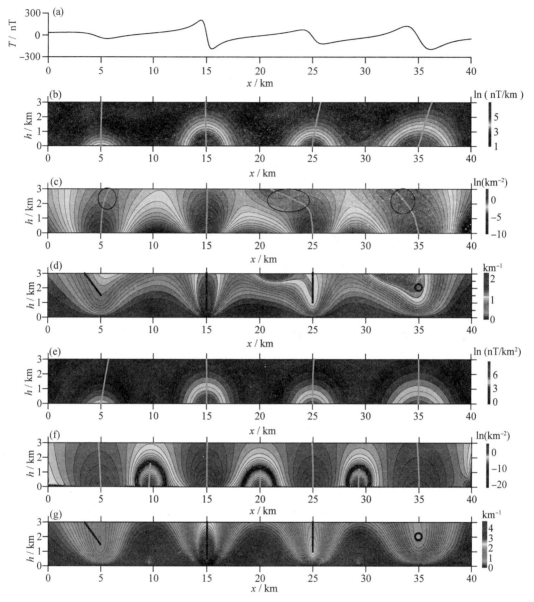

图 6-20　组合模型磁异常镜像成像处理结果

（a）组合模型磁异常；（b）一阶解析信号；（c）-VD_ASRS$_1$；（d）一阶镜像成像；
（e）二阶解析信号；（f）-VD_ASRS$_2$；（g）二阶镜像成像

号对数，可以看出在每个模型上方都存在一个明显山脊，脊线均为线性的；图 6-20（c）
是不同高度上的-VD_ASRS$_1$，虽然在各个模型体上也存在一个明显的山脊，然而第一
个、第三个岩脉及圆柱体上方的脊线在深部是弯曲的，且数值在深部有增加趋势；
图 6-20（d）是一阶镜像成像方法，可以看出 MSIA$_1$ 仅能有效地识别出埋深最浅的第二
个岩脉，极大值位于（15 km，0.5 km），极大值数值为 2.057 4 km^{-1}，计算得到的构造

指数为 1.03，因此 $MSIA_1$ 准确识别出了第二岩脉的上顶深度及构造指数。在第三个岩脉上，有一个不明显的极大值，位于（24.8 km，1.9 km），数值为 1.211 1 km^{-1}，得到的构造指数为 2.03，估计出的场源参数与实际偏差较大。图 6-20（e）是不同高度上的二阶解析信号，同样存在的四个山脊，脊线为线性的；图 6-20（f）是不同高度上的 $-VD\_ASRS_2$，可以看出，在四个模型体上方的山脊脊线为线性的，但是在 9.6 km，20 km 及 29.3 km 处还存在一个小的山脊，被半环形的极小值圈闭所包围；图 6-20（g）是不同高度上的二阶镜像成像，图上在（4.9 km，1.7 km）（15 km，0.5 km）（25 km，1.1 km）及（34.9 km，2.2 km）四处存在较明显的极大值，极大值点的数值分别为 1.505 7 km^{-1}，4.477 3 km^{-1}，2.258 km^{-1}，2.036 5 km^{-1}。计算得到的构造指数分别为 1.20，0.99，1.15 和 2.12。显然，$MSIA_2$ 准确地获取了四个模型的位置及构造指数，存在误差是异常叠加引起的。另外，$MSIA_2$ 在（9.6 km，0.2 km）（20 km，0.3 km）及（29.3 km，0.2 km）分别存在一个不明显的极大值，但这些信息是虚假的，主要在于二阶解析信号 AS_2 在对应的位置没有任何信号显示，且 $-VD\_ASRS_2$ 在这些位置的脊线较短。

图 6-21 是基于不同阶次解析信号 DEXP 法的处理结果，图 6-21（a）是二阶与一阶解析信号比值的 DEXP 成像结果，在（15 km，0.5 km）处存在一个数值为 1.434 4 $km^{-0.5}$ 的极大值，构造指数计算结果为 1.03，即准确识别出了第二个岩脉的参数，但其他三个模型无法识别。图 6-21（b）是三阶与二阶解析信号比值的 DEXP 结果，在（4.7 km，1.8 km）（15 km，0.5 km）（25 km，1.1 km）及（34.8 km，2.4 km）处分别存在的一个明显的极大值，其数值分别为 1.233 7 $km^{-0.5}$，2.116 $km^{-0.5}$，1.502 7 $km^{-0.5}$ 及 1.427 3 $km^{-0.5}$，构造指数估计值为 1.31，0.99，1.15 和 2.42。对比 MSIA 结果可知，基于不同阶次解析信号比值的 DEXP 法精度较低些。

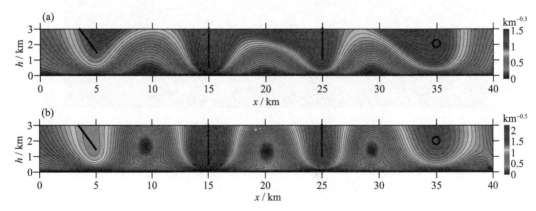

图 6-21　基于解析信号比值的 DEXP 成像结果

（a）二阶与一阶解析信号比值；（b）三阶与二阶解析信号比值

图 6-22（a）是图 6-20（a）添加了 1% 噪声的组合模型重力异常，图 6-22（b）~（g）分别是不同高度上含噪磁异常 AS_1、$-VD\_ASRS_1$、$MSIA_1$、AS_2、$-VD\_ASRS_2$ 及 $MSIA_2$ 的处理结果。可以看出，所有处理结果图中，噪声主要分布在浅地表，深部有

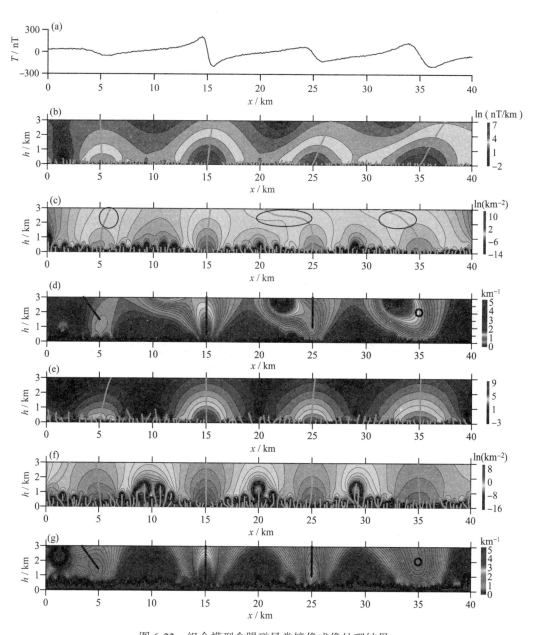

图 6-22 组合模型含躁磁异常镜像成像处理结果

(a) 含 1% 随机噪声的磁异常;(b) 一阶解析信号;(c) $-VD\_ASRS_1$;(d) 一阶镜像成像;

(e) 二阶解析信号;(f) $-VD\_ASRS_2$;(g) 二阶镜像成像

效信号仍有着较好的显示,且与图 1 中对应断面图上的异常特征基本一致。一阶镜像成像 [图 6-22 (d)] 在 (5.1 km, 1 km) (15 km, 0.6 km) 和 (24.8 km, 1.4 km) 存在极大值,数值分别为 0.557 km^{-1}, 2.066 7 km^{-1} 和 1.184 7 km^{-1},计算得到的构造指数分别为 0.49, 1.23 和 1.58。虽然含噪声磁异常的 MSIA$_1$ 能够识别出第一个岩脉,但得到的场源深度及构造指数与真值存在较大偏差。二阶镜像成像结果在四个场源位置均仍存在明显的极大值，其位置分别是（4.8 km，1.4 km）（15 km，0.5 km）（25 km，0.9 km）及（34.8 km，2.3 km），数值分别为 1.611 4 km^{-1}，4.444 8 km^{-1}，2.350 3 km^{-1} 和 1.974 8 km^{-1}。换算得到的构造指数分别是 1.21，0.98，0.91 和 2.26。对比图 6-20（g）及估算的构造指数，则可以看出添加噪声的 MSIA 方法估计的场源参数与无噪声时的基本一致，这表明了方法对噪声干扰敏感度较低。

图 6-23（a）是二阶与一阶解析信号比值的 DEXP 法成像结果，在（4.9 km，1 km）及（15 km，0.6 km）处存在极大值为 0.752 4 $km^{-0.5}$ 和 1.438 1 $km^{-0.5}$ 两个极值点，构造指数计算结果为 0.5 和 1.23，显然在第一个岩脉上方的反演结果与真实值存在明显偏差。图 6-23（b）是三阶与二阶解析信号比值的 DEXP 法成像结果，只能获得第二、第三个岩脉上顶埋深为 0.5 km 和 0.9 km，反演的构造指数为 0.98 和 0.91。也就是说，添加噪声后，基于三阶与二阶解析信号比值的 DEXP 法仅能有效地识别出第二及第三个，埋深相对较浅的岩脉，无法识别出埋深较大的第一个岩脉和水平圆柱体。对比 MSIA 法，显然基于不同阶次解析信号比值的 DEXP 法还更易受噪声干扰的影响。

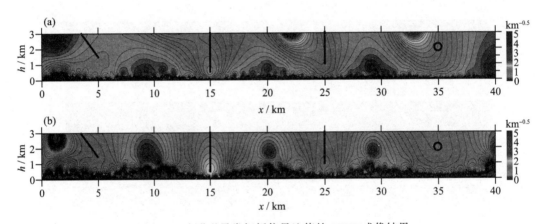

图 6-23　含噪磁异常解析信号比值的 DEXP 成像结果
（a）二阶与一阶解析信号比值；（b）三阶与二阶解析信号比值

6.2.3　实例应用

这里选取了两条磁剖面进行方法的实用性测试。第一条磁剖面位于美国伊利诺斯州南部，磁数据取自于 Salem 等[170]发表文章中的图 4（a）。测点间距为 7.62 m，测线长为 403.86 m，仪器探头高度约 1.82 m。钻孔信息揭示了在 200 m 附近地下约 10 m 存在一个橄榄岩脉。

图 6-24（a）是该条剖面的磁异常，图 6-24（b）（c）分别是不同高度上的一阶、二阶解析信号，可以看出，均在水平位置为 198.12 m 处存在一个明显的山脊；图 6-24（d）（e）是$-VD\_ASRS_1$ 和$-VD\_ASRS_2$ 的断面图，可以看出，$-VD\_ASRS_1$ 的主脊左侧存在数十条短小的脊线，而$-VD\_ASRS_2$ 的主脊线两侧则均存在数条短小的脊线，这些位置的信号都可以被认为是噪声干扰引起，且在解析信号上面也没有任何信号显示；图 6-24（f）（g）是 $MSIA_1$ 和 $MSIA_2$ 的断面图，在 $MSIA_1$ 图的（198.12 m，

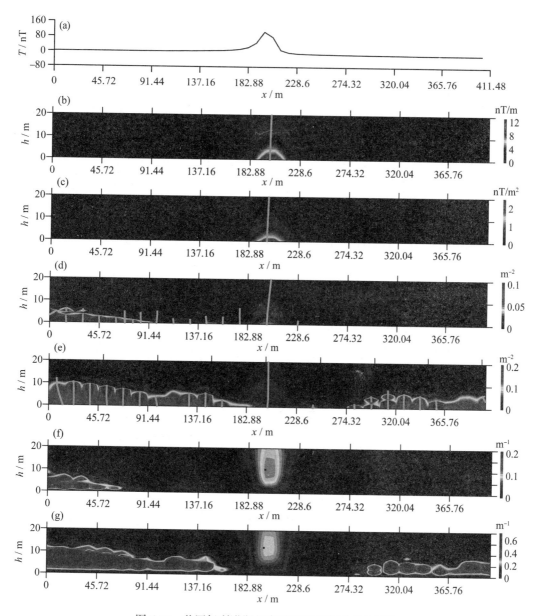

图 6-24　美国伊利诺斯州南部磁剖面镜像成像结果

（a）地面磁异常；（b）一阶解析信号；（c）二阶解析信号；（d）–VD_ASRS$_1$；

（e）–VD_ASRS$_2$；（f）一阶镜像成像；（g）二阶镜像成像

10.5 m）处存在一个极大值为 0.117 7 m^{-1}，在 MSIA$_2$ 图的（198.12 m，12 m）处存在一个极大值为 0.117 7 m^{-1}，计算获得构造指数为 1.22 和 1.48。减去探头离地高度，则 MSIA$_1$ 指示的深度值为 8.68 m，MSIA$_2$ 的深度结果为 10.18 m，显然 MSIA$_2$ 的结果更接近真实值。MSIA 反演深度与实际深度的误差可能是噪声干扰、点距过大或岩脉具有一定宽度等因素引起的。

第二条磁剖面选自埃及红海西海岸的 Hamrawien 地区，航磁数据取自 Salem 等（2005）的图 6-25（a），点距为 10 m，飞行平均高度为 150。Salem 等（2005）使用了增强局部波数法获得了一个构造指数为 1.44，位置为（4 526.3 m，555.7 m）的场源，和一个构造指数为 1.20，位于（14 858.4 m，441.2 m）的另一个磁源；同时，采用 AN-EUL 法获得了一个埋深约为 600 m，构造指数约 1.60 的磁源，一个埋深约 459 m，构造指数约 1.15 的场源；Florio 和 Fedi（2014）使用了多脊欧拉反褶积法[245]对相同的数据进行处理，结果表明在（4 482.9 m，431.5 m）和（14 940.3 m，396.2 m）两个位置分别存在一个场源，构造指数分别为 1.10 和 1.05；马国庆等（2014）利用归一化局部波数法[246]在（4530 m，546 m）和（14 860 m，447 m）位置成像出了两个磁性体；Abbas 和 Fedi（2014）使用二阶与一阶解析信号比值的 DEXP 法[221]获取了一个深度为 690 m，构造指数为 1.9 的场源，和一个深度为 400 m，构造指数为 1.06 的磁源。图 6-25 是将 MSIA 方法应用到了同一数据中的处理结果，图 6-25（b）（c）是不同高度上一阶、二阶解析信号，都存在三个明显的山脊；图 6-25（d）（e）是 $-VD\_ASRS_1$ 和 $-VD\_ASRS_2$ 断面图，可以看出，除了解析信号中显示的三条脊线外，两者还存在其他一些脊线，不过这些多余的脊线，有些较短，有些在深部弯曲，都是异常叠加或噪声干扰引起的；图 6-25（f）（g）则是一阶、二阶镜像成像结果，一阶镜像成像在图中黑圈内存在两个明显的虚假源，二阶镜像成像存在三个明显的偶极态（同一水平位置不同高度有两个极大值）的虚假源，根据合理的极大值位置，可知在 $MSIA_1$ 断面的（4540 m，600 m）及（14 820 m，390 m）存在两个极大值，极值为 0.003 m^{-1} 和 0.002 5 m^{-1}，构造指数则为 1.69 和 0.97；在 $MSIA_2$ 断面的（4540 m，510 m）及（14 780 m，440 m）存在两个极大值，极值为 0.005 5 m^{-1} 和 0.005 7 m^{-1}，构造指数则为 1.33 和 1.17。显然，利用 MSIA 方法得到场源参数信息基本在前人获得场源参数值的中间范围，即认为反演结果较为可信。需要指出的是，图 6-25（b）~（e）中还在约8800 m 处，存在第三条明显的脊线，而图 6-25（f）在位置（8820 m，620 m），图 6-25（g）在位置（8800 m，560 m）都存在一个弱信号的极大值，极值分别为 0.000 9 m^{-1} 和 0.002 5 m^{-1}，得到的构造指数分别是 0.49 和 0.37，推断该剖面地下还存在一个近似台阶（推测是断裂构造）的场源。

6.2.4 本节小结

在 n 阶解析信号及其倒数基础上，给出了磁源镜像成像函数法，该方法可以利用极大值位置及数值识别场源位置及估计场源构造指数。无噪及含噪组合磁异常试验结果表明了 MSIA 方法可以有效地识别场源深度及估计构造指数，同时比基于不同阶次解析信号比值的 DEXP 法具有更高的识别精度和抗噪能力。

MSIA 方法具有以下四个有意义的特征：1）具有固定的稳定性，在于计算是在上半空间进行的，因此可以直接对信噪较差的数据直接使用，或者可以直接处理高阶导数；2）方法原理简单，极易实现，只需计算不同阶次的导数即可；3）不仅不依赖构造指数，而且可以直接计算构造指数；4）可以对多场源磁异常进行处理，能够同时快速识别每个场源的位置和估计构造指数。

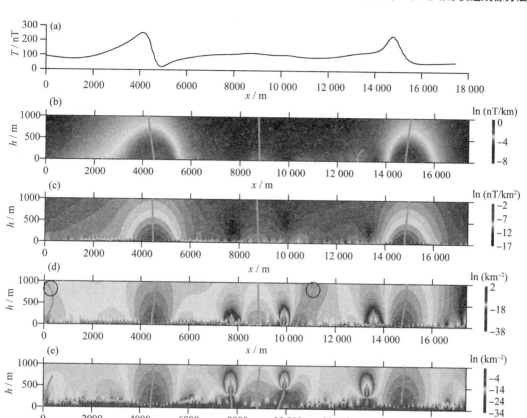

图 6-25　埃及红海西海岸的 Hamrawien 地区航磁异常镜像成像结果

（a）地面磁异常；（b）一阶解析信号；（c）二阶解析信号；（d）-VD_ASRS$_1$；

（e）-VD_ASRS$_2$；（f）一阶镜像成像；（g）二阶镜像成像

　　不过需要注意的是，在 MSIA 断面图上可能会存在一些虚假信息，比如低阶次 MSIA 断面图的深部会存在弯曲状的假异常；高阶次 MSIA 断面图的浅部会存在偶极态的"假源"；还有 MSIA 断面图的浅部，噪声干扰会占主导地位，这些假信息要么是异常叠加引起的，要么是随机干扰导致的。不过，可以通过对应位置解析信号或 -VD_ASRS 断面图予以识别，即这些假信息在解析信号断面图中没有任何有效信号显示，在-VD_ASRS 的断面图上则表现为弯曲的脊线、短小的脊线或折断的脊线。

第7章　结论与展望

7.1　研究成果与研究特色

位场数据处理在重磁勘探中起到至关重要的作用，是重磁资料进行有效地质解释的关键。快速数据处理方法是重磁勘探中最为普遍、常用及简便的一类技术。本书从较为常用的位场数据处理方向出发，提出了一系列新方法、新技术，致力于提高数据处理的精度与异常分辨能力。本书的主要研究成果有：

（1）在位场预处理中，提出了坐标转换法，基本消除了不可靠外扩数据带来的数据处理误差；提出了更加合理的局部多项式扩边法，大幅削弱了边界吉布斯效应带来的数据不稳定现象。

（2）提出了不稳定计算的统一迭代计算模式：迭代滤波法，不仅相对于其他迭代法具有较高的计算精度和较强的计算稳定性，而且采用了差值互相关系数之差来选取合理的迭代次数；同时，将迭代法还应用到了位场分离与界面反演之中，均获得了良好的处理效果。

（3）在场源识别方面，提出了归一化均方差比法、归一化差分法、垂向梯度最佳自比值法、增强滤波下的改进小子域滤波及方向 Tilt 梯度法，这些方法在场源识别能力、抗噪声干扰能力、识别精度或弱化磁化方向等方面具有各自的优势。

（4）在场源参数快速估计方面，提出了梯度张量全张量解析信号的重力源参数估计方法，提高了重力源参数反演的准确性；给出了解析信号对数欧拉反褶积法和解析信号倒数欧拉法的二维磁源参数计算方法，提高了解析信号在深部场源参数上的反演精度和反演解的汇聚度；还推导出了三维磁异常解释的方向 Tilt-Euler 法，该方法不仅弱化磁化方向影响，而且具有更高的反演精度与更多的合理反演解。

（5）在场源快速成像上，在常规归一化总梯度基础上提出了幂次平均的离散化归一化总梯度法，有效解决了常规方法无法同时识别不同位置场源的问题，还可以利用最佳幂次数实现场源几何形状的判断。还在二维磁解析信号基础上，推导出了 n 阶解析信号的表达式，提出了场源镜像成像方法，该方法可以直接处理信噪比较低的数据和高阶导数，相对于常用的 DEXP 法还具有更高的反演精度及抗噪能力。

7.2 展　望

本书围绕着重磁勘探快速数据处理方法技术开展了一系列研究工作，在基础数据处理、位场分离、单一密度界面反演、场源位置识别、场源参数估计及场源快速成像等方面进行了系统深入研究，从模型试验及实例应用方面可以看出新方法具有的优势。不过，本书仅仅介绍了笔者近年来的研究成果，未对国内外一些成熟的快速数据处理方法、反演技术等方面进行阐述，还有在三维场源快速成像方面还需进一步研究与完善。

参考文献

[1] 徐宝慈，李春华. 位场数据处理理论与问题[M]. 长春：吉林大学出版社，1995.

[2] 王谦身，安玉林，张赤军，等. 重力学[M]. 北京：地震出版社，2003.

[3] 罗孝宽，郭绍雍. 应用地球物理教程——重磁勘探[M]. 北京：地质出版社，1991.

[4] 陈善. 重力勘探[M]. 北京：地质出版社，1986.

[5] Blakely R J, Potential theory in gravity and magnetic application[M]. Cambridge University Press, 1995, 313-319.

[6] 熊光楚. 矿产预测中重磁异常变换的若干问题：向上延拓的作用及问题[J]. 物探与化探，1992，16(5)：358-364.

[7] 王建明. 重磁异常变换中的延拓问题[J]. 新疆有色金属，2006，2：11-13.

[8] Jacohsen B H. A case for upward continuation as a standard separation filter for potential- field maps[J]. Geophysics, 1987, 52：1138-1148.

[9] 曾华霖，许德树. 最佳向上延拓高度的估计[J]. 地学前缘，2002，9(2)：499-504.

[10] Pawlowski R S. Preferential continuation for potential-field anomaly enhancement[J]. Geophysics, 1995, 60：890-898.

[11] 许德树，曾华霖. 优选延拓技术及其在中国布格重力异常图处理上的应用[J]. 现代地质，2000，14(2)：215-222.

[12] Zeng H L, Xu D S. Discussion on "Preferential continuation for potential-field anomaly enhancement"[J]. Geophysics, 2001, 66：695-697.

[13] Meng X H, Guo L H, Chen Z X, et al. A method for gravity anomaly separation based on preferential continuation and its application[J]. Applied Geophysics, 2009, 6(3)：217-225.

[14] 汪炳柱. 用样条函数法求重力异常二阶垂向导数和向上延拓计算[J]. 石油地球物理勘探，1996，31(3)：415-422.

[15] 耿耀辉，孟昭和. 重力场向上延拓的边界单元法[J]. 大庆石油地质与开发，1996，15(1)：62-65.

［16］ Dean W C, Frequency analysis for gravity and magnetic interpretation［J］. Geophysics, 1958, 23: 97-127.

［17］ Tikhonov A H, et al. Solution of Ⅲ-posed problem［M］. New York: John Wiley & Arsenin Press. 1977, 81-128.

［18］ 重磁资料数据处理问题编写组. 重磁资料数据处理问题［M］. 北京: 地质出版社, 1977, 83-103.

［19］ 栾文贵. 位场解析延拓的稳定化算法［J］. 地球物理学报, 1983, 26: 263-273.

［20］ 梁锦文. 位场向下延拓的正则化方法［J］. 地球物理学报, 1989, 32(5): 600-608.

［21］ 安玉林, 管志宁. 滤除高频干扰的正则化稳定因子［J］. 物探化探计算技术, 1985, 7(1): 13-23.

［22］ Ma T, Wu P, Hu X P, et al. A regularization method for downward continuation of potential fields［J］. Applied Mechanics and Materials, 2011, 135-136.

［23］ 王兴涛, 石磬, 朱非洲. 航空重力测量数据向下延拓的正则化算法及其谱分解［J］. 测绘学报, 2004, 33(1): 33-38.

［24］ Bateman H. Some integral equation of potential theory［J］. Journal of Applied Physics, 1946, 17: 91-102.

［25］ Peters L J. The direct approach to magnetic interpretation and its practical application［J］. Geophysics, 1949, 14: 290-320.

［26］ Fedi M, Florio G. A stable downward continuation by using the ISVD method［J］. Geophysical Journal International, 2002, 151(1): 146-156.

［27］ Cooper G R J. The stable downward continuation of potential field data［J］. Geophysics, 2004, 35: 260-265.

［28］ Oldham C G H. The (sin x)/x. (sin y)/y method for the continuation of potential fields［J］. Mining Geophysics, 2: 591-605.

［29］ Clarke G K C. Optimum second-derivative and downward continuation filters［J］. Geophysics, 1969, 34: 424-437.

［30］ Ku C C, Telford W M, Lim S H. The use of linear filtering in gravity problems［J］. Geophysics, 1971, 36: 1171-1203.

［31］ Baranov V. Potential fields and their transformations in applied geophysics［M］. Berlin: Borntraeger Press, 1975, 62-74.

［32］ 毛小平, 吴蓉元, 曲赞. 频率域位场向下延拓的振荡机制及消除方法［J］. 石油地球物理勘探, 1998, 33(2): 230-237.

［33］ 王延忠, 熊光楚. 位场向下延拓组合滤波器的设计和应用［J］. 地球物理学报, 1985, 28(5): 537-543.

［34］ 杨文采. 用于位场数据处理的广义反演技术［J］. 地球物理学报, 1986, 29(2): 284-291.

［35］ 陈生昌, 肖鹏飞. 位场向下延拓的波数域广义逆算法［J］. 地球物理学报, 2007,

　　　　　　 50(6)：1816-1822.

[36] 姚长利，管志宁，黄卫宁. 位场转换的抽样分组法[J]. 石油地球物理勘探，
　　　　1997，32(5)：696-702.

[37] 汪炳柱，王硕儒. 二维位场向上延拓和向下延拓的样条函数法[J]. 物探化探计
　　　　算技术，1998，20(2)：125-129.

[38] 刘保华，焦湘恒，王重德. 位场向下延拓的边界单元法[J]. 石油地球物理勘探，
　　　　1990，25(4)：495-499.

[39] Bhattacharyya B K, Chan K C, Reduction of magnetic and gravity data on an
　　　　arbitrary surface acquired in a region of high topographic relief[J]. Geophysics,
　　　　1977, 42(7): 1411-1430.

[40] 徐世浙，沈晓华，邹乐君，等. 将航磁异常从飞行高度向下延拓至地形线[J].
　　　　地球物理学报，2004，47(6)：1127-1130.

[41] Strakhov A V, Devitsyn V N. The reduction of observed values of a potential field to
　　　　values at a constant level[J]. Proceeding of the Academy of Sciences. Physics of the
　　　　Earth(in Russian), 1965, 4: 60-72.

[42] 徐世浙. 位场延拓的积分—迭代法[J]. 地球物理学报，2006，49(4)：
　　　　1176-1182.

[43] Xu S Z, Yang J Y, Yang C F, et al. The iteration method for downward continuation
　　　　of a potential field from a horizontal plane[J]. Geophysical Prospecting, 2007, 55:
　　　　883-889.

[44] 徐世浙. 迭代法与FFT法位场向下延拓效果的比较[J]. 地球物理学报，2007，
　　　　50(1)：285-289.

[45] 徐世浙，余海龙. 位场曲化平的插值—迭代法[J]. 地球物理学报，2007，50
　　　　(6)：1811-1815.

[46] 曾小牛，李夕海，刘代志，等. 积分迭代法的正则性分析及其最优步长的选择
　　　　[J]. 地球物理学报，2011，55(11)：2943-2950.

[47] 陈龙伟，张辉，郑志强，等. 水下地磁辅助导航中地磁场延拓方法[J]. 中国惯
　　　　性科技学报，2007，15(6)：693-697.

[48] 王顺杰，朱海，栾禄雨. 水下地磁导航中位场积分迭代法收敛性分析[J]. 地球
　　　　物理学进展，2009，24(3)：1095-1097.

[49] 陈龙伟，徐世浙，胡小平，等. 位场向下延拓的迭代最小二乘法[J]. 地球物理
　　　　学进展，2011，26(3)：894-901.

[50] 张志厚，吴乐园. 位场向下延拓的相关系数法[J]. 吉林大学学报(地球科学
　　　　版)，2012，42(6)：1912-1919.

[51] 侯重初. 一种压制干扰的频率域滤波方法[J]. 物探与化探，1979，5：50-54.

[52] 侯重初. 补偿圆滑滤波方法[J]. 石油物探，1981，2：22-29.

[53] 侯重初. 位场频率域向下延拓方法[J]. 物探与化探，1982，6(1)：33-40.

[54] 刘东甲，洪天求，贾志海，等. 位场向下延拓的波数域迭代法及其收敛性[J].

地球物理学报，2009，52（6）：1599-1605.

[55] 于波，翟国君，刘雁春，等. 利用航磁数据向下延拓得到海平面磁场的方法[J]. 测绘学报，2009，38（3）：202-209.

[56] 张辉，陈龙伟，任治新，等. 位场向下延拓迭代法收敛性分析及稳健向下延拓方法研究[J]. 地球物理学报，2009，42（4）：1107-1113.

[57] 于波，翟国君，刘雁春，等. 噪声对磁场向下延拓迭代法的计算误差影响分析[J]. 地球物理学报，2009，52（4）：2182-2188.

[58] 王彦国，张凤旭，王祝文，等. 位场向下延拓的泰勒级数迭代法[J]. 石油地球物理勘探，2011，46（4）：657-662.

[59] 王彦国，王祝文，张凤旭，等. 位场向下延拓的导数迭代法[J]. 吉林大学学报：地球科学版，2012，42（1）：240-245.

[60] 高玉文，骆遥，文武. 补偿向下延拓方法研究及应用[J]. 地球物理学报，2012，55（8）：2747-2756.

[61] 王彦国，吴姿颖，罗潇，等. 位场稳定向下延拓的波数域正则化—迭代法[J]. 科学技术与工程，2018，18（13）：200-206.

[62] 骆遥. 位场迭代法向下延拓的地球物理含义——以可下延异常逐次分离过程为例[J]. 地球物理学进展，2011，26（4）：1197-1200.

[63] 姚长利，李宏伟，郑元满，等. 重磁位场转换计算中迭代法的综合分析与研究[J]. 地球物理学报，2012，55（6）：2062-2078.

[64] 李宏伟. 位场转换计算中迭代法与其滤波特性的综合分析与研究[D]. 北京：中国地质大学，2012.

[65] Evjen H M. The place of the vertical gradient in gravity interpretation[J]. Geophysics, 1936, 1: 127-136.

[66] Henderson R G, Zietz I. The computation of second vertical derivatives of geomagnetic fields[J]. Geophysics, 1949, 14: 508-516.

[67] Elkins T A. The second derivative method of gravity interpretation[J]. Geophysics, 1951, 16: 29-50.

[68] Rosenbach O. A contribution to the computation of the second derivative from gravity data[J]. Geophysics, 1953, 16: 894-912.

[69] Mesko A. Two dimensional filtering and second derivative method[J]. Geophysics, 1966, 31: 606-617.

[70] Agarwal B N P, Tarkeshwar L. Calculation of the second vertical derivative of gravity field[J]. Pure and Applied Geophysics, 1969, 76(5): 5-16.

[71] 雷林源. 论位场垂向二阶偏导数的几何意义与物理实质[J]. 桂林冶金地质学院学报，1981，2：17-24.

[72] 田舍，宋宇辰. 重力高阶方向导数的可视化你和及其应用[J]. 物探化探计算技术，2007，29（3）：205-208.

[73] 刘保华，张维冈，孟恩. 重力异常垂向一阶导数的一种简便算法[J]. 青岛海洋

大学学报，1995，25（2）：233-238.

[74] 王硕儒，于涛，孙家昌. 用 B 样条函数计算位场垂向高偶阶导数[J]. 石油物探，1987，26（2）：105-115.

[75] 姜效典，王硕儒. 任意曲线上二维重磁位场转换的 B 样条函数法[J]. 地球物理学报，1989，32（3）：351-355.

[76] Wang B Z, Krebes E S, Ravat D. High-precision potential-field and gradient-component transformations and derivative computations using cubic B-splines[J]. Geophysics, 2008, 73（5）：135-142.

[77] 王宜昌，杨辉. 重力异常四次导数的计算及应用[J]. 地球物理学报，1986，29（1）：69-83.

[78] 杨辉，王宜昌. 复杂形体重力异常高阶导数的正演计算[J]. 石油地球物理勘探，1998，33（2）：278-283.

[79] 崔瑞华，谷社峰，李成立. 位场垂向导数的稳定算法[J]. 物探化探计算技术，2009，31（5）：426-430.

[80] 杨辉. 应用计算机"推导"位场水平导数公式的方法及程序[J]. 物探化探计算技术，1997，19（3）：246-251.

[81] Cooley J W, Tukey J W, An algorithm for the machine calculation of complex Fourier series[J]. Mathematics of Computation, 1965, 297-301.

[82] 吴宣志，刘光海，薛光奇，等. 傅立叶变换和位场谱分析方法及其应用[M]. 北京：测绘出版社，1987.

[83] Kevin L Michus, Juan Homero Hinojosa. The complete gravity gradient tensor derived from the vertical component of gravity: A Fourier transform technique[J]. Journal of Applied Geophysics, 2001, 46: 159-174.

[84] Lourenco J S, Morrison H F, Vector magnetic anomalies derived from measurements of single component of the field[J]. Geophysics, 1973, 38: 395-368.

[85] 王彦国，张瑾. 位场高阶导数的波数域迭代法[J]. 物探与化探，2016，40（1）：143-147.

[86] 杜威，许家姝，吴燕冈，等. 位场垂向高阶导数的 Tikhonov 正则化迭代法[J]. 吉林大学学报（地球科学版），2018，48（2）：394-401.

[87] 蔡宗熹，陈维雄，姜兰. 位场数据求导精度的提高及其方法[J]. 物探化探计算技术，1991，13（1）：47-52.

[88] Baranov V. A new method for interpretation of aeromagnetic maps: Pseudogravimetric anomalies[J]. Geophysics, 1957, 22（2）：359-383.

[89] Silva J B C. Reduction to the pole as an inverse problem and its application to low-latitude anomalies[J]. Geophysics, 1986, 30（5）：829-857.

[90] Li Y, Oldenburg D W. Stable reduction to the pole at the magnetic equator[J]. Geophysics, 2001, 66（2）：571-578.

[91] 骆遥，薛殿军. 基于概率成像技术的低纬度磁异常化极方法[J]. 地球物理学报，

2009, 52(7): 1907-1914.

[92] Hansen R O, Pawlowski R S. Reduction to the pole at low latitudes by Wiener filtering [J]. Geophysics, 1989, 54(12): 1607-1613.

[93] Keating P, Zerbo L. An improved technique for reduction to the pole at low latitudes [J]. Geophysics, 1996, 61(1): 131-137.

[94] Ansari A H, Alamdar K. Reduction to the pole of magnetic anomalies using analytic signal[J]. World Applied Sciences Journal, 2009, 7(4): 405-409.

[95] Mendonca C A, Silva J B C. A stable truncated series approximation of the reduction-to-the-pole operator[J]. Geophysics, 1993, 58: 1084-1089.

[96] Cooper J R C. Differential reduction to the pole of magnetic anomalies using Taylor's series expansion[J]. Computer and Geosciences, 2005, 45(4): 359-378.

[97] 方迎尧, 张培琴, 刘浩军. 低磁纬度地区 ΔT 异常解释的途径与方法[J]. 物探与化探, 2006, 30(1): 48-53.

[98] 吴健生, 王家林. 用高阻方向滤波器提高低磁纬度地区磁异常化极效果[J]. 石油地球物理勘探, 1992, 27(5): 670-677.

[99] Macleod I N, Jones K, Dai T F. 3-D analytic signal in the interpretation of total magnetic field data at low magnetic latitudes[J]. Exploration Geophysics, 1993, 24(4): 679-688.

[100] Li X. Magnetic reduction-to-the-pole at low latitudes: Observations and considerations [J]. The Leading Edge, 2008, 27(8): 990-1002.

[101] 石磊, 郭良辉, 孟小红, 等. 低纬度磁异常化极的伪倾角方法改进[J]. 地球物理学报, 2012, 55(5): 1775-1783.

[102] 姚长利, 管志宁, 高德章, 等. 低纬度磁异常化极方法-压制因子法[J]. 地球物理学报, 2003, 46(5): 690-696.

[103] 姚长利, 黄卫宁, 张聿文, 等. 直接阻尼法低纬度磁异常化极技术[J]. 石油地球物理勘探, 2004, 39(5): 600-606.

[104] 林晓星, 王平. 一种改进的低纬度磁场化极方法—变频双向阻尼因子法[J]. 地球物理学报, 2012, 55(10): 3477-3484.

[105] 骆遥, 薛典军. 磁赤道化极方法[J]. 地球物理学报, 2010, 53(12): 2998-3004.

[106] 焦新华, 吴燕冈. 重力与磁法勘探[M]. 北京: 地质出版社, 2009.

[107] Swartz C A. Some geometrical properties of residual maps[J]. Geophysics, 1954, 19(1): 46-70.

[108] Nettleton L L. Regionals, residuals, and structures [J]. Geophysics, 1954, 19(1): 1-22.

[109] Abdelrahman E S M, El-Araby H M. Shape and depth solutions from gravity data using correlation factors between successive least squares residuals[J]. Geophysics, 58(12): 1785-1791.

[110] Abdelrahman E S M, El-Araby T M, El-Araby H M, et al. A new method for shape

and depth determination from gravity data[J]. Geophysics, 66(6): 1774-1780.

[111]　程方道, 刘东甲, 姚汝信. 划分重力区域场与局部场的研究[J]. 物探化探计算技术, 1987, 9(1): 1-9

[112]　文百红, 程方道. 用于划分磁异常的新方法-插值切割法[J]. 中南矿冶学院学报, 1990, 21(3): 229-235.

[113]　刘东甲, 程方道. 划分重力区域场与局部场的多次切割法[J]. 物探化探计算技术, 1997, 19(1): 31-35.

[114]　葛粲, 任升莲, 李永东, 等. 重力异常分层分离方法改进及应用: 以安徽五河地区为例[J]. 地球物理学报, 2017, 62(12): 4826-4839.

[115]　赵文举, 赵荔, 杨站军, 等. 插值切割位场分离改进及其在资料处理中的应用[J]. 物探与化探, 2020, 44(4): 886-893.

[116]　Spector A. Grant F S. Statistical models for interpreting aeromagnetic data[J]. Geophysics, 1970, 35(2): 293-302.

[117]　Pwalowski R S, Hansen R O. Gravity anomaly speration by Wiener filtering[J]. Geophysics, 1990, 55(5): 539-548.

[118]　Pwalowski R S. Green's equivalent-layer concept in gravity band-pass filter design[J]. Geophysics, 1994, 59(1): 69-76.

[119]　李庆春, 潘作枢, 李九亮. 变阶数滑动趋势分析及其应用[J]. 石油物探, 1994, 33(3): 92-98.

[120]　熊光楚. 自调节趋势分析法[J]. 物探与化探, 2000, 24(4): 268-277.

[121]　刘青松, 王宝仁. 应用多次匹配滤波技术进行垂向位场分离[J]. 物探化探计算技术, 18(4): 279-286.

[122]　罗潇, 王彦国, 邓居智, 等. 位场异常分离方法的对比分析——以江西相山铀多金属矿田为例[J]. 地球物理学进展, 2017, 32(3): 1190-1196.

[123]　刘金兰, 李庆春, 赵斌. 位场场源边界识别新技术及其在山西古构造带与断裂探测中的应用研究[J]. 工程地质学报, 2007, 15(4): 569-574.

[124]　钟清, 孟小红, 刘士毅. 重力资料定位地质体边界问题的探讨[J]. 物探化探计算技术, 2007, 29(增刊): 35-38.

[125]　刘展, 班丽, 魏巍, 等. 济阳坳陷花沟地区火成岩重磁成像解释方法[J]. 中国石油大学学报: 自然科学版, 2007, 31(1): 30-34.

[126]　王彦国, 张凤旭, 王祝文, 等. 位场归一化差分法的边界检测技术[J]. 吉林大学学报: 地球科学版, 2013, 43(2): 592-602.

[127]　张恒磊, 刘天佑, 杨宇山. 各向异性标准化方差计算重磁源边界[J]. 地球物理学报, 2011, 54(7): 1921-1927.

[128]　Cordell L. Gravimetric expression of graben faulting in Santa Fe Country and the Espanola Basin[C]. New Mexico: New Mexico Geological Society, 30th Field Conference. 1979: 59-64.

[129]　Miller H G, V Singh. Potential tilt-a new concept for location of potential field

sources[J]. Journal of Applied Geophysics, 1994, 32: 213-217.

[130] Verduzco B, Fairhead J D, and GreenC M, et al. The mete reader-new insights into magnetic derivatives for structural mapping[J]. The Leading Edge, 2004, 23: 116-119.

[131] Wijns C, Perez C, Kowalczyk P. Theta Map: Edge detection in magnetic data[J]. Geophysics, 2005, 70(4): 39-43.

[132] Cooper G R J, Cowan D R. Edge enhancement of potential-field data using normalized statistics[J]. Geophysics, 2008, 73(3): 1-4.

[133] 骆遥, 王明, 罗峰, 等. 重磁场二维希尔伯特变换—直接解析信号解析方法[J]. 地球物理学报, 2011, 54(7): 1912-1920.

[134] Thompson D T. EUlDPH: A new technique for making computer assisted depth estimates from magnetic data[J]. Geophysics, 1982, 47(1): 31-37.

[135] Reid A B, Allsop J M, Granser H, et al. Magnetic interpretation in three dimensions using Euler deconvolution[J]. Geophysics, 1990, 55(1): 80-91.

[136] 马国庆, 李丽丽, 杜晓娟. 磁张量数据的边界识别和解释方法[J]. 石油地球物理勘探, 2012, 47(5): 815-821.

[137] Salem A, Williams S, Fairhead D, et al. Interpretation of magnetic data using tilt-angle derivatives[J]. Geophysics, 2008, 71(1): 1-10.

[138] 王明, 郭志宏, 骆遥, 等. Tilt-Euler 方法在位场数据处理及解释中的应用[J]. 物探与化探, 2012, 36(1): 1-7.

[139] 马国庆, 杜晓娟, 李丽丽. 解释位场全张量数据的张量局部波数法及其与常规波数法的比较[J]. 地球物理学报, 2012, 55(7): 2450-2461.

[140] Marson I, Klingele E E. Advantages of using the vertical gradient of gravity for 3-D interpretation[J]. Geophysics, 1993, 58(11): 1588-1595.

[141] Stavrev P. Euler deconvolution using differential similarity transformations of gravity or magnetic anomalies[J]. Geophysics Prospect, 1997, 45(2): 207-246.

[142] Pierre B K. Weighted Euler decomvolution of gravity data[J]. Geophysics, 1998, 63(5): 1595-1603.

[143] Barbosa V C F, Silva J B C, et al. Finite-difference Euler deconvolution algorithm applied to the interpretation of magnetic data from northern Bulgaria[J]. Pure and Applied Geophysics, 2005, 162(3): 591-608.

[144] 杨高印. 位场数据处理的一项新技术—小子域滤波法[J]. 石油地球物理勘探, 1995, 30(2): 240-244

[145] 马涛, 王铁成, 王雨. 一种改进的网格数据保持梯度滤波方法[J]. 石油地球物理勘探, 2007, 42(2): 198-201.

[146] 肖锋, 吴燕冈, 孟令顺. 位场数据处理中小子域滤波的改进[J]. 石油地球物理勘探, 45(1): 136-139.

[147] 张凤旭, 张凤琴, 刘财, 等. 断裂构造精细解释技术—三方向小子域滤波[J].

地球物理学报, 2007, 50(5): 1543-1550.

[148] 张凤旭, 刘万崧, 张兴洲, 等. 用重力三方向小子域滤波解释伊通盆地断裂 [J]. 地球科学-中国地质大学学报, 34(4): 665-672.

[149] 张凤旭, 张兴洲, 张凤琴, 等. 中国东北地区重力场研究——利用改进的三方 向小子域滤波划分主构造线及大地构造单元[J]. 地球物理学报, 2010, 53 (6): 1475-1485.

[150] 马国庆, 杜晓娟, 李丽丽. 优化小子域滤波方法研究及其应用[J]. 石油地球物 理勘探, 2013, 48(4): 658-662.

[151] 段晓旭. 重磁异常小子域滤波算法的分析研究与改进[D]. 北京: 中国地质大 学, 2014.

[152] 蔡钟, 倪小东. 重力异常处理中小子域滤波法的改进[J]. 河北工程大学学报 (自然科学版), 2015, 32(4): 47-51.

[153] 许海红, 李玉宏, 袁炳强, 等. 位场数据小子域滤波法处理效果对比与优选 [J]. 地质通报, 2018, 37(1): 153-164.

[154] Afif H S. Understanding gravity gradients-a tutorial[J]. The leading Edge, 2006, 25 (8): 942-947.

[155] Pedersen L B, Rasmussen T M. The gradient tensor of potential field anomalies: some implications on data collection and data processing of maps[J]. Geophysics, 1990, 55(2): 1558-1566.

[156] 朱自强, 曾思红, 鲁光阴. 重力张量数据的目标体边缘检测方法探讨[J]. 石油 地球物理勘探, 2011, 46(3): 482-488.

[157] 高立坤, 蒋甫玉, 黄麟云. 利用重力梯度张量研究黑龙江省虎林盆地的断裂构 造[J]. 高校地质学报, 2011, 17(2): 281-286.

[158] Blakely R J, Simpson R W. Approximating edges of source bodies from magnetic or gravity anomalies[J]. Geophysics, 1986, 51: 1494-1498.

[159] Craig M. Analytic signals for multivariate data[J]. Mathematical Geology, 1996, 28: 315-330.

[160] Li X. Understanding 3D analytic signal amplitude[J]. Geophysics, 2006, 71(2): L13-16.

[161] 王万银. 位场解析信号振幅极值位置空间变化规律研究[J]. 地球物理学报, 2012, 55(4): 1288-1299.

[162] Schmidt P W, Clark D A. Advantages of measuring the magnetic gradient tensor[J]. Preview, 2000, 85: 26-30.

[163] Schmidt P W, Clark D A. The magnetic gradient tensor: Its properties and uses in source characterization[J]. The leading Edge, 2006, 25(1): 75-78.

[164] Beiki M, Clark D A, Austin J R, et al. Estimating source location using normalized magnetic source strength calculated from magnetic gradient tensor data [J]. Geophysics, 2012, 77(6): J23-J37.

[165] 舒晴，马国庆，刘财，等. 全张量磁梯度数据解释的均衡边界识别及深度成像技术[J]. 地球物理学报，2018，61(4)：1539-1548.

[166] Zhang C Y, Mushayandebvu M F, Reid A B, et al. Euler deconvolution of gravity tensor gradient data[J]. Geophysics, 2000, 65(2): 512-520.

[167] Mushayandebvu M F, Van D P, Reid A B, et al. Magnetic source parameters of two-dimensional structures using extended Euler deconvolution [J]. Geophysics, 2001, 66(3): 814-823.

[168] Nabighian M N, Hansen R O. Unification of Euler and Werner deconvolution in three dimensions via the generalized Hilbert transform[J]. Geophysics, 2001, 66(6): 1805-1810.

[169] Huang D, Gubbins D, Clark R A, et al. Combined study of Euler's homogeneity equation for gravity and magnetic field [C]. Extended Abstracts of 57th EAGE Conference, Glasgow, UK, 1995, 144.

[170] Salem A, Ravat D. A combined analytic signal and Euler method (AN-EUl) for automatic interpretation of magnetic data[J]. Geophysics, 2003, 68: 1952-1961.

[171] 张季生，高锐，立秋生，等. 欧拉反褶积与解析信号相结合的位场反演方法[J]. 地球物理学报，2011，54(6)：1634-1641.

[172] 马国庆，杜晓娟，李丽丽. 解释位场全张量数据的张量局部波数法及其与常规局部波数法的比较[J]. 地球物理学报，2012，55(7)：2450-2461.

[173] 马国庆，杜晓娟，李丽丽，等. 梯度反褶积法及其在矿产勘探中的应用[J]. 吉林大学学报(地球科学版)，2013，43(1)：259-266.

[174] Guo C C, Xiong S Q, Xue D J, et al. Improved Euler method for the interpretation of potential data based on the ratio of the vertical first derivative to analytic signal[J]. Applied Geophysics, 2014, 11(3): 331-339.

[175] 李丽丽，黄大年，韩立国. 归一化总水平导数法在位场数据解释中的应用[J]. 地球物理学报，2014，57(12)：4123-4131.

[176] Zhou, S., Huang, D., and Su, C. Magnetic anomaly depth and structural index estimation using different height analytic signals data [J]. Journal of Applied Geophysics, 2016, 132, 146-151.

[177] Weihermann J D, Ferreira F J, Oliveira S P, et al. Magnetic interpretation of the Paranagua Terrane, Southern Brazil by signum transform[J]. Journal of Applied Geophysics, 2018, 154: 116-127.

[178] Usman N, Abdullah K, et al. New approach of solving Euler deconvolution relation for the automatic interpretation of magnetic data [J]. Terr. Atmos. Ocean, Sci., 2018, 29(3): 243-259.

[179] Atchuta R D, Ram-Babu H V, and Sanker-narayan P V. Interpretation of magnetic anomalies due to dikes: The complex gradient method[J]. Geophysics, 1981, 46: 1572-1578.

[180] Salem A, Ravat D, Mushayandebvu M F, et al. Linearized least-squares method for interpretation of potential-field data from sources of simple geometry[J]. Geophysics, 2004, 69: 783-788.

[181] Salem A. Interpretation of magnetic data using analytic signal derivatives [J]. Geophysical prospecting, 2005, 53: 75-82.

[182] Ma G Q, DU X J. An improved analytic signal technique for the depth and structural index from 2D magnetic anomaly data: Pure and Applied Geophysics[J]. 2012, 169: 2193-2200.

[183] Cooper G R J. The automatic determination of the location and depth of contacts and dykes from aeromagnetic data [J]. Pure and Applied Geophysics, 2014, 171: 2417-2423.

[184] Cooper G R J. Using the analytic signal amplitude to determine the location and depth of thin dikes from magnetic data[J]. Geophysics, 2015, 80: J1-J6.

[185] Cooper G R J and Whitehead R C. Determining the distance to magnetic source[J]. Geophysics, 2016, 81: J25-J34.

[186] Cooper G R J. Determining the depth and location of potential field sources without specifying the structural index[J]. Arabian Journal of Geoscience, 2017, 10(438): 1-7.

[187] Salem A, Williams S, Fairhead J D, et al. Tilt-depth method: A simple depth estimation method using fi rst-order magnetic derivatives [J]. The leading Edge, 2007, 26, 1502-1505.

[188] Nabighian M N. The analytic signal of two-dimensional magnetic bodies with polygonal cross-section: its properties and use for automated anomaly interpretation[J]. 1972, 37(3): 507-517.

[189] Fairhead J D, Salem A, Cascone L, et al. New development of the magnetic tilt-depth method to improve structural mapping of sedimentary basins[J]. Geophysical Prospecting, 2011, 59: 1072-1086.

[190] 张恒磊, 胡祥云, 刘天佑. 基于二阶导数的磁源边界与顶部深度快速反演[J]. 地球物理学报, 2012, 55(11): 3839-3847.

[191] Wang Y G, Zhang J, Ge K P, et al. Improved tilt-depth method for fast estimation of top and bottom depths of magnetic bodies[J]. Applied Geophysics, 2016, 13 (2): 249-256.

[192] Cooper G R J. Applying the tilt-depth and contact-depth methods to the anomalies of thin dykes[J]. Geophysical Prospecting, 2017, 65: 316-323.

[193] 曹伟平, 王彦国, 杨博, 等. Tilt-depth 方法适用性研究及其应用[J]. 世界地质, 2017, 36(2): 560-569.

[194] Berezkin W M. Application of gravity exploration to reconnaissance of oil and gas reservoir (in Russian)[M]. Nedra Publishing House, 1967.

［195］ 肖一鸣. 重力归一化总梯度法［J］. 石油地球物理勘探, 1981, 3：47-57.

［196］ 肖一鸣. 重力归一化总梯度法在寻找油气中的应用［J］. 石油地球物理勘探, 1984, 3：247-254.

［197］ 侯重初, 施志群. 实现重磁异常规格化总梯度的傅式积分法［J］. 石油勘探, 1986, 25(3)：75-86.

［198］ Zeng H L, Meng X H, Yao C L, et al. Detection of reservoirs from normalized full gradient of gravity anomalies and its application to Shengli oil field, east China［J］. Geophysics, 2002, 67(4)：1138-1147.

［199］ 张凤旭, 孟令顺, 张凤琴, 等. 利用 Hilbert 变换计算重力归一化总梯度［J］. 地球物理学报, 2005, 48(3)：704-709.

［200］ 张凤琴, 张凤旭, 刘财, 等. 利用 DCT 法计算重力归一化总梯度. 吉林大学学报(地球科学版), 2007, 37(4)：804-808.

［201］ 张雅晨, 刘财, 陈光宇. 基于 Hartley 变换的归一化总梯度法［J］. 吉林大学学报(地球科学版), 2019, 49(3)：830-836.

［202］ 肖鹏飞, 李明, 徐世浙, 等. 重力归一化总梯度的稳定解法［J］. 石油地球物理勘探, 2006, 41(5)：596-600.

［203］ 郭灿灿, 张凤旭, 王彦国, 等. 基于泰勒级数迭代的重力归一化总梯度［J］. 世界地质, 2012, 31(4)：824-830.

［204］ 王选平, 张凤旭, 王彦国, 等. 利用正则化方法计算重力归一化总梯度［J］. 世界地质, 2014, 33(1)：221-226.

［205］ 李银飞, 张凤旭, 邰振华, 等. 基于导数迭代法的重力归一化总梯度［J］. 世界地质, 2018, 37(1)：224-231.

［206］ 石甲强, 肖锋, 钟炀. 基于向下延拓 Milne 法的重力归一化总梯度法［J］. 石油地球物理勘探, 2019, 54(6)：1390-1396.

［207］ Zhou W N. Normalized full gradient of full tensor gravity gradient based on adaptive iterative Tikhonov regularization downward continuation［J］. Journal of Applied Geophysics, 2015, 118：75-83.

［208］ 苏超, 杜晓娟, 马国庆, 等. 几何平均重力归一化总梯度在山东招远金矿采空区的应用［J］. 世界地质, 2014, 33(4)：889-894.

［209］ 王彦国, 吴姿颖, 邓居智, 等. 基于幂次平均的离散归一化总梯度法［J］. 石油地球物理勘探, 2018, 53(6)：1351-1364.

［210］ Patella D. Introduction to ground surface self-potential tomography［J］. Geophysical Prospecting, 1997, 45：653-681.

［211］ Mauriello P, Patella D. Location of maximum-depth gravity anomaly sources by a distribution of equivalent point masses［J］. Geophysics, 2001, 66：1431-1437.

［212］ 郭良辉, 孟小红, 石磊, 等. 重力和重力梯度数据三维相关成像［J］. 地球物理学报, 2009, 52(4)：1098-1106.

［213］ 郭良辉, 孟小红, 石磊. 磁异常 ΔT 三维相关成像［J］. 地球物理学报, 2010,

53（2）：435-441.

[214] 孟小红，刘国峰，陈召曦，等. 基于剩余异常相关成像的重磁物性反演方法[J]. 地球物理学报，2012，55（1）：304-309.

[215] 马国庆，杜晓娟，李丽丽. 改进的位场相关成像方法[J]. 地球科学—中国地质大学学报，2013，38（5）：1121-1127.

[216] Guo L H, Meng X H, Zhang G L. Three-dimensional correlation imaging for total amplitude magnetic anomaly and normalized source strength in the presence of strong remanent magnetization[J]. Journal of Applied Geophysics, 2014, 111: 121-128.

[217] Xiao F. Gravity correlation imaging with a moving data window[J]. Journal of Applied Geophysics, 2015, 112: 29-32.

[218] Fedi M. DEXP：A fast method to determine the depth and the structural indexof potential fields sources[J]. Geophysics, 2007, 72（1）：I1-I11.

[219] Cella F, Fedi M, Florio G. Toward a full multi-scale approach to interpret potential fields[J]. Geophysical Prospecting, 2009, 57（4）：543-557.

[220] Abbas M A, Fedi M, Florio G. Improving the local wavenumber method by automatic DEXP transformation[J]. Journal of Applied Geophysics, 2014a, 111: 250-255.

[221] Abbas M A, Fedi M. Automatic DEXP imaging of potential fields independent of the structural index [J]. Geophysical Journal International, 2014b, 199（3）：1625-1632.

[222] 徐梦龙. 几种位场数据处理方法的研究及应用[D]. 吉林大学博士学位论文，2016.

[223] 李禄. 强剩磁条件下磁数据数据解释方法研究[D]. 吉林大学硕士学位论文，2018.

[224] Abbas M, Fedi M. Application of the DEXP method to the streaming potential data[C]. Near Surface Geoscience, Turin, Italy, 2015.

[225] 郇恒飞，贾立国，高铁，等. DEXP 反演方法在寻找钾盐中的应用[J]. 地质与资源，2015，24（5）：496-500.

[226] 张琦，于平，张代磊，等. 基于 DEXP 的位场模型初步反演[J]. 地球物理学进展，2018，33（5）：2076-2082.

[227] Schneider W A. Integral formulation for migration in two and three dimensions[J]. Geophysics, 1978, 43（1）：49-76.

[228] Zhdanov M S. Geophysical inverse theory and regularization problems [M]. Elsevier, 2002.

[229] Zhdanov M S, Liu X, Wilson G. Potential field migration for rapid 3D imaging of entire gravity gradiometry surveys[J]. First break, 2010, 28（11）：47-51.

[230] Zhdanov M S, Liu X, Wilson G A, et al. Potential field migration for rapid imaging of gravity gradiometry data[J]. Geophysical Prospecting, 2011, 59（6）：1052-1071.

［231］ Zhdanov M S, Cai H, Wilson G A. Migration transformation of two-dimensional magnetic vector and tensor fields［J］. Geophysical Journal International，2012，189 （3）：1361-1368.

［232］ Zhdanov, M S, Liu X, Wilson G A, et al. 3D migration for rapid imaging of total-magnetic-intensity data［J］. Geophysics，2012，77（2）：J1-J5.

［233］ 段本春，徐世浙. 磁（重力）异常局部场与区域场分离处理中的扩边方法研究 ［J］. 物探化探计算技术，1997，19（4）：298-304.

［234］ 殷长建，周晓东，陈跃军. 吉南浑江坳陷南缘重力滑覆构造特征［J］. 吉林地 质，1999，18（3）：28-33.

［235］ Parker R L. The rapid calculation of potential anomalies［J］. Geophys. J. R. asrtr. Soc.，1972，31：447-455.

［236］ Oldenburg D W. The inversion and interpretation of gravity anomalies ［J］. Geophysics，1974，39（4）：526-536.

［237］ 大庆油田石油地质志编写组. 中国石油地质志：卷2，上册：大庆油田［M］. 北京：石油工业出版社，1993.

［238］ 张凤旭，孟令顺，林泽付，等. 黑龙江省虎林盆地重力异常、基底构造及油气 远景区研究［J］. 吉林大学学报（地球科学版），2004，34（4）：552-556.

［239］ 曹成润，刘正宏，王东坡. 黑龙江省东部虎林盆地断块构造特征及其运动学规 律［J］. 长春科技大学学报，2001，31（4）：340-344.

［240］ 林泽付，薛进，杨恕，等. 黑龙江省虎林市幅重磁场特征及其地质解释［J］. 世 界地质，2004，23（4）：397-401.

［241］ 张凤旭，张兴洲，张凤琴，等. 黑龙江省虎林盆地单元结构的地质—地球物理 研究［J］. 吉林大学学报（地球科学版），2010，40（5）：1170-1176.

［242］ 王彦国，张凤旭，刘财，等. 位场垂向梯度最佳自比值的边界检测技术［J］. 地 球物理学报，2013，56（7）：2463-2472.

［243］ 何保. 浑江煤田推覆构造特征、演化及找煤远景区预测［D］. 辽宁沈阳，东北 大学，2009.

［244］ 马国庆，孟庆发，李丽丽，等. 利用重/磁场梯度比值函数计算地质体深度［J］. 石油地球物理勘探，2019，54（1）：229-234.

［245］ Florio, G. and Fedi, M. Multiridge Euler deconvolution［J］. Geophysics，2014，74，L53-L65.

［246］ 马国庆，黄大年，李丽丽，等. 重磁异常解释的归一化局部波数法［J］. 2014，57（4）：1300-1309.